天文小手工

周 娜 姚建明 李雪颖 何振宇 编著

清華大學出版社
北 京

内容简介

这是全国青少年活动中心系列教材天文学课程的第一册。全书共有 14 课，每课内容都由知识导航、天文实验室（或天文手工坊）、词汇和概念以及天文小贴士 4 个部分组成。学习内容设计得都很简单，天文手工坊多是小制作，也多是可以个人独立完成的。天文知识的导航也结合天文小制作、天文词汇和概念的介绍一起穿插进行。天文小贴士的内容也并不都是天文学的知识，是根据孩子的特点，讲述神话故事和天文学家、天文事件的故事。

本书可以在小学、各级青少年活动中心、各种课外培训机构组织的天文学知识传播的学习中使用。有志向的小小天文学家们可以按照本系列教材自学。

图书在版编目 (CIP) 数据

天文小手工 / 周娜等编著 .— 北京：清华大学出版社，2022.8
ISBN 978-7-302-60075-6

Ⅰ. ①天…　Ⅱ. ①周…　Ⅲ. ①天文学—青少年读物　Ⅳ. ① P1-49

中国版本图书馆 CIP 数据核字（2022）第 023053 号

责任编辑： 朱红莲
封面设计： 傅瑞学
责任校对： 王淑云
责任印制： 宋　林

出版发行： 清华大学出版社
网　　址： http://www.tup.com.cn, http://www.wqbook.com
地　　址： 北京清华大学学研大厦A座　　**邮　　编：** 100084
社 总 机： 010-83470000　　**邮　　购：** 010-62786544
投稿与读者服务： 010-62776969, c-service@tup.tsinghua.edu.cn
质量反馈： 010-62772015, zhiliang@tup.tsinghua.edu.cn
印 装 者： 小森印刷（北京）有限公司
经　　销： 全国新华书店
开　　本： 165mm × 240mm　　**印　　张：** 5　　**字　　数：** 84千字
版　　次： 2022年9月第1版　　**印　　次：** 2022年9月第1次印刷
定　　价： 36.00元

产品编号：095271-01

前　言

学习天文学，可以在任何场合，可以在人生的任意年龄阶段。抬头看天，激人奋进，拓展我们的眼界。我们的祖先就是从天到地再到人，一步步地从原始人进化到社会人的。

我们在大学里开设过天文学的选修课，不论是理科生还是文科生都积极参与；我们在中学校园里举办天文学讲座，讲座结束了，同学们还在围着我们问问题；在小学开设的课外天文学课程最多，从一年级到六年级，分年龄、分班级上课：似乎，任何阶段的学生，都喜爱天文学。

开设天文学课程最多的还是青少年活动中心，涉及全国所有的大中城市。从萌芽班、初级班、中级班到高级班，从来不缺少“生源”。我们还在图书馆、老年活动中心、市民大讲堂，甚至在公司的年会嘉年华上，开展天文知识的科普讲座，每次都是座无虚席，听众踊跃。最近几年，我们还录制了网络课程，准备更广泛地传播天文学的科普知识。

随着提高青少年综合素质的呼声越来越高，越来越多的政府部门、社会机构和学校、家长们开始重视青少年的课外学习，尤其是科普知识的学习。天文学作为一门基础学科，无论是知识性、趣味性，还是在开发智力、开拓孩子们的眼界方面，都是十分重要的。天文学涉及宇宙万物，关乎人类社会的各个方面，与数理化甚至人文的各个学科都有联系，天文学的作用不仅在眼前，更是关乎孩子们一生的追求和乐趣。

我们在课程开设的过程中，遇到的最大问题就是教材的选取。天文学是实用性很强的基础课，既有知识的系统性，又有很强的生活娱乐性。怎样把握课程的难易，怎样取舍浩如烟海的天文学内容，经过多年的实践，我们这里为全国的青少年，为全国准备开设天文学课程的机构做一些尝试。

我们编写的系列教材，分 4 个层次，可以按年龄分层，也可以按学生所具有的天文学知识基础分层。

萌芽班，最低可以从幼儿园大班的孩子开始，直到成年人。我们的要求是，只要你想开始学习天文学，对周围的世界、对宇宙、对天体感兴趣就可以。当然，我们针对的是青少年，涉及成人的是以“亲子班”为主。学习的目的只有一个，就是激发学员对天文学的兴趣。课程和教材的内容，以动手的形式为主，可以做个小太阳、带光环的土星或者一个地球加月亮的地月系。间或，我们还会辅助有天象厅和野外认星的课程。

初级班，可以面向小学一、二年级的学生，课程和教材内容还是以动手制作为主。这里，我们就开始强调天文学知识的系统性，简明扼要地引入天文学知识，让喜爱天文学、想继续学习的学生，有一个学习的“索引”。当然，孩子们喜欢的天象厅和野外观星的课程还会继续，而且会逐步增多。

中级班，是一个承上启下的学习阶段，以小学生为主，他们还不具备系统性学习天文学的思维，所以，我们针对一些天文学的重点知识加以拓展。这里的重点知识是经过我们多年的教学实践发现的、学生们最感兴趣的天文学知识，比如，天文学和人类社会，看星星识方向，星座和四季星空，流星和流星雨，极光和彗星，恒星的一生，以及最吸引眼球的宇宙大爆炸、黑洞等。

到了高级班就会发现，他们都是一个个天文学的小天才了。这时候，就需要让他们系统地学习天文学知识了。如天文学研究的对象，学科分支，天文坐标系，回归年、朔望月、儒略日，恒星演化，银河系起源，包括航空航天、人类探索宇宙等。但是，我们还是定性地讲解天文学的知识，至于全面、深入地学习天文学，还是等他们读专业的天文系吧。经过高级班的学习，孩子们参加各个级别的天文科普竞赛，向小伙伴们传播天文学知识，应该是绰绰有余的。

从萌芽班到高级班的 4 册教材，每册都分为 14 节课程，按照一个学期 14 次课程设计。一年中，可开设春季班、暑期班、秋季班。学生们可以循序渐进地自动升级学习。使用我们的教材，可以一同采用我们使用多年的课件，方便教学。如果需要，我们还可以开展合作教学。

最近，我们增加了“暑期观星亲子班”的课程，大受学生和家长的欢迎。今后，我们还会开展更多形式的学习课程，比如，天文夏令营、流星雨观赏团、暑期的天文台学习游览活动等。

青少年是祖国的未来，天文学拓展了人类的知识体系，更能够开拓孩子们的眼界，扩大他们的知识面。更重要的是，天文学可以作为你一生的个人爱好，去欣赏！去追求！

作者
2022 年春于富春江畔

目　录

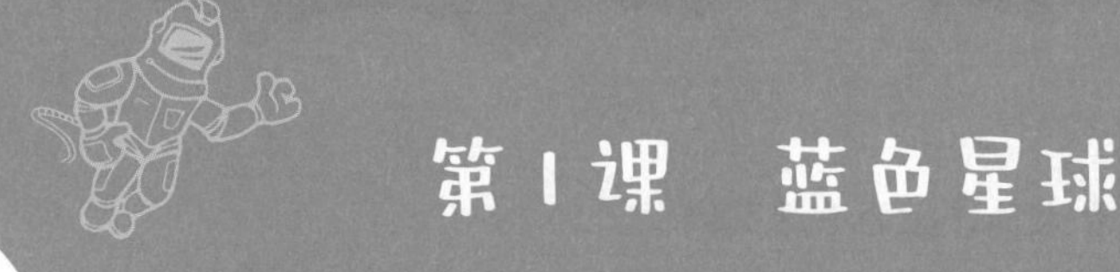

第1课　蓝色星球

一、知识导航

地球，就是你脚下的大地；地球，就是你居住的行星；地球，是天体，是天文学的研究对象。

天文学家告诉你："地球是一颗行星，是太阳系的一分子。地球有自转和公转；地球和它的卫星——月球构成了地月系。"

《中国大百科全书——天文学卷》中是这样描述我们的家的：地球（earth）是太阳系八大行星之一，按离太阳由近及远的次序为第三颗，也是目前已知的唯一一个存在着生命的星球。

地球是那么独特！地球是一颗有着丰富液态水的星球，表面近71%被水覆盖，从太空看地球，它就像一颗美丽的蓝宝石，环绕着白色的大气层。最独特的是——地球上到处都是生命！

地球的质量约为60万亿亿（6×10^{21}）吨；

地球的平均半径是6371千米；

地球离太阳的平均距离是1.496×10^{8}千米；

地球自转一圈是一天，约24小时；

地球绕太阳转一圈是一年，365.2422天；

地球有一颗卫星，就是月球。月球绕着地球转一圈是一个月；

地球的表面温度平均在–30摄氏度到+45摄氏度之间。

二、天文实验室：地球仪上大大的世界

人们为便于认识和研究地球，依照地球的形状，按一定的比例缩小，制作了地球的模型——地球仪。

1. 仔细观察地球仪，你在地球仪上发现了什么？

2. 比较陆地和海洋，你发现了什么？

3. 如果地球上所有的陆地移动到地球仪的顶端，你觉得会变成什么样？用你

的彩笔画一画。棕色代表大陆，蓝色代表海洋。

4. 在地球仪上，找出地球上的四大洋和七大洲。

海洋	陆地
1. ________	1. ________
2. ________	2. ________
3. ________	3. ________
4. ________	4. ________
	5. ________
	6. ________
	7. ________

5. 你还发现了哪些信息？

三、词汇和概念

水　　地球仪

四、天文小贴士：地球仪上的中国

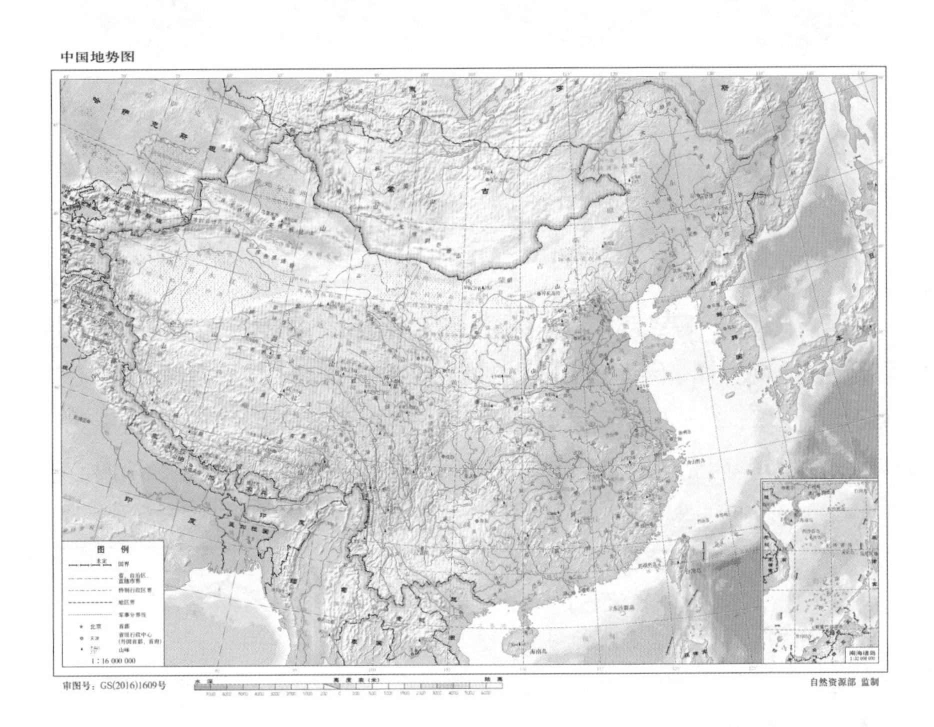

1. 地形

中国地势西高东低，大致呈阶梯状分布；

地球上地形多种多样，有雄伟的高原、起伏的山岭、广阔的平原、低缓的丘陵，还有四周群山环抱、中间低平的大小盆地；

山地、高原和丘陵约占陆地面积的 67%；

盆地和平原约占陆地面积的 33%；

山脉多呈东西和东北—西南走向。

2. 气候

中国幅员辽阔，跨纬度较广，距海远近差距较大，加之地势高低不同，地形类型及山脉走向多样，因而气温降水的组合多种多样，形成了多种多样的气候。从气候类型上看，东部属季风气候（又可分为温带季风气候、亚热带季风气候和热带季风气候），西北部属温带大陆性气候，青藏高原属高寒气候。从温度带划分看，有热带、亚热带、暖温带、中温带、寒温带和青藏高原区。

3. 矿产

中国幅员广大，地质条件多样，矿产资源丰富。

中国矿产资源分布的主要特点是，地区分布不均匀。这种分布不均匀的状况，使一些矿产相当集中。

4. 生物

我国拥有森林、灌丛、草甸、草原、荒漠、湿地等地球陆地生态系统，以及黄海、东海、南海、黑潮流域大海洋生态系。

我国生物遗传资源丰富，是水稻、大豆等重要农作物的起源地，也是野生和栽培果树的主要起源中心。

我国是世界上家养动物品种最丰富的国家之一。

中国幅员广阔，地形复杂，气候多样，植被种类丰富，分布错综复杂。中国是世界上动物资源最为丰富的国家之一。

地球是宇宙中独特存在的天体，了解和学习天文学，我们当然要从我们的家园——地球开始。

第2课　看起来差不多大

一、知识导航

太阳、月亮东升西落，它们是我们最熟悉的星球。太阳、月亮离我们很远，它们看起来差不多大，事实真是这样吗？

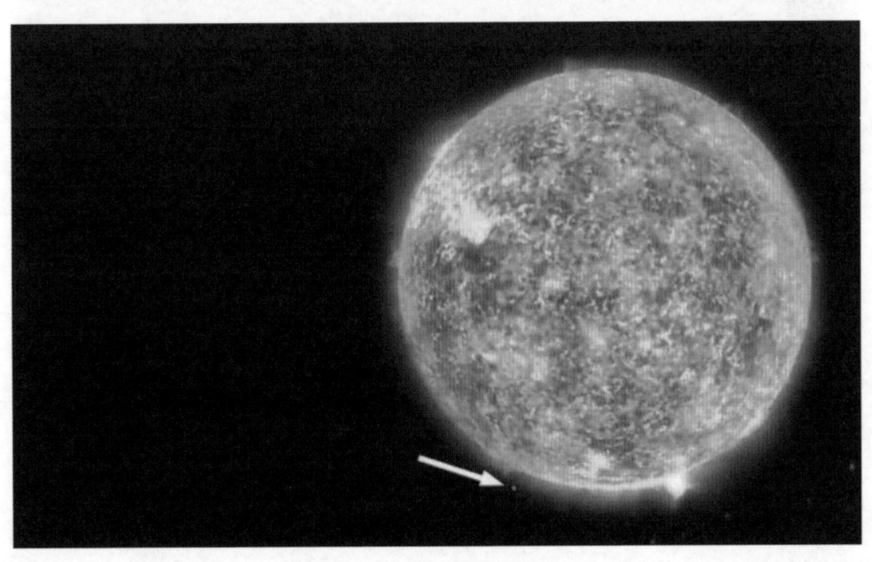

从最基本的数据来看：

太阳的体积大约是地球的 130 万倍；

月球的体积大约等于地球的 1/49；

日地平均距离大约为 149597870 千米；

月地平均距离：384400 千米；

日地距离是月地距离的约 390 倍。

原来，月球和太阳看起来差不多大，是因为月球到地球的距离比太阳到地球的距离近得多。

二、天文实验室：看起来差不多大

以下实验需要 4 名同学合作完成哦！

材料和工具：大、小泡沫球各一个，纸筒，卷尺。

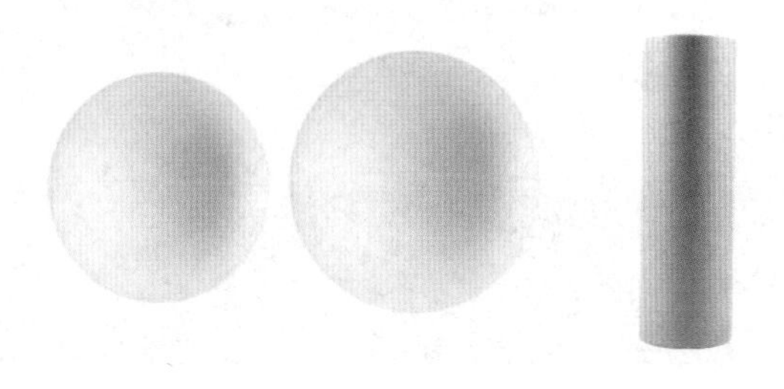

步骤：

1. 第 1 名同学用圆纸筒观察，代表地球上的人。

2. 第 2 名同学举着小圆球，模拟月球。第 3 名同学举着大圆球，模拟太阳。

3. 三者在一条直线上，保持纸筒和小球不动，移动大球。

4. 当大球看上去和小球大小一样时，第 4 名同学“跨步”测量大、小球与纸筒间的距离，代表日地、月地的距离。

5. 重复测量、记录，可以组内交换角色尝试。

当大球看上去和小球大小一样时，测量并记录大、小球与纸筒间的距离，它们分别代表日地、月地距离。

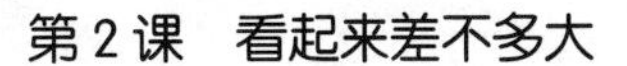

数据记录表

	地球到月球的距离	太阳到地球的距离
第一次		
第二次		
第三次		
平均		

我们的发现：

三、词汇和概念

日地距离　　月地距离

四、天文小贴士：地球诞生神话

太阳诞生以后，地球和月球也相继诞生，它们紧密地联系在一起，已经有几十亿年了。

关于天地（地球）的来历，有一个动人的神话故事：在亿万年前的“太古时代”，宇宙中漂浮着一团浑浊的气体球，球里面混沌，既没有光明，又没有声音，有的只是一片死寂。但，在这个气体球中间围困着一个名叫盘古的巨人，他在里面闷得实在透不过气来。一天，他想：与其这样闷着，不如拼它一下。于是，盘古挥舞起一把大斧，向周围一阵猛砍猛劈。瞬时，气体球被劈成了上下两半，清气逐渐上浮，浊气逐渐下降。上升的清气每天升高一丈，最终变成了天；下沉的浊气每天加厚一丈，变成了大地。盘古自己也一天天高大起来。过了很久很久，天已经很高很高，地也已经很厚很厚。盘古则变成了顶天立地的巨人，这时他平静地死去了。盘古死后，他的眼睛变成了日、月，给人们带来光明；血液变成了江、河、湖、海，为人们带来了甘泉；毛发变成了树木花草，给大地带来了生机。他的喜悦变成了晴日，哀愁变成了阴天，叱咤呼声变成了震天的惊雷，躯干化作了雄伟的山脉。这样，一个日月同辉、气象万千、有声有色的天地世界诞生了！

第3课　奔向月球

一、知识导航

各位小读者大概都听到过关于月亮的神话故事吧！嫦娥奔月、吴刚伐桂、月下老人等。

月亮不能说是远在天边，可也不能说是近在眼前。月亮在天文学中的地位，可是不简单！它是距离我们最近的天体，它是地球唯一的天然卫星，它的诞生、存在和演化都与地球有着密切的联系。

月球的质量是地球的 1/81；

月球的直径是 3476 千米，大约等于地球直径的 3/11；

月球的表面积大约是地球表面积的 1/14，比亚洲的面积还稍小一些；

月球的体积是地球的 1/49，换句话说，地球里面可装下 49 个月亮。

月球上的引力只有地球上的 1/6，也就是说，一个人在月球上所受引力是地球上的 1/6。人在月面上走，身体显得很轻松，稍稍一使劲就可以跳起来，在月面上半跳半跑地走，似乎比在地球上步行更痛快。

月球上几乎没有大气，因而月球上的昼夜温差很大。白天，在阳光垂直照射的地方，温度高达 127℃；夜晚温度可低到 –183℃。

月球上没有地球上的风化、氧化和水的腐蚀过程，也没有声音的传播，到处是一片寂静的世界。月球本身不发光，天空一片漆黑，太阳和星星可以同时出现。

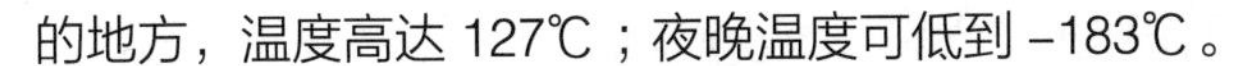

二、天文实验室：月球信息卡

搜集月球相关信息，记录在月球信息卡上。

三、词汇和概念

月球　　**卫星**

四、天文小贴士：月球再添 8 个“中国地名”

国际天文学联合会（IAU）于 2021 年 5 月 24 日公布，批准中国提议在“嫦娥五号”降落地点附近的 8 个月球地貌的命名申请。至此，月球上的“中国地名”达 35 个。

这 8 个月球地貌的命名分别为：

天船基地（Statio Tianchuan），表示在银河中航行的船舶。

华山（Mons Hua），以中国西岳华山命名。

衡山（Mons Heng），以中国南岳衡山命名。

裴秀（Pei Xiu），中国西晋时期地理学家。

沈括（Shen Kuo），中国宋代天文学家、数学家。

刘徽（Liu Hui），中国三国时期魏国数学家。

宋应星（Song Yingxing），中国明末科学家，其著作《天工开物》被誉为“中国 17 世纪的工艺百科全书”。

徐光启（Xu Guangqi），中国明代农艺师、天文学家、数学家。

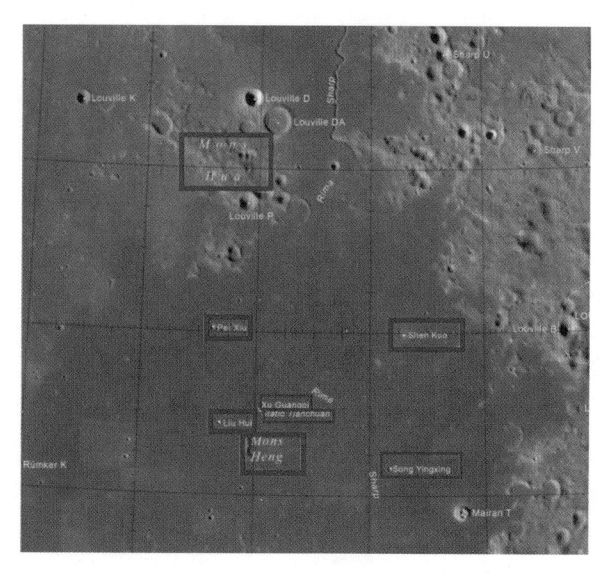

月球地理实体的地球名字有哪些？这些命名是如何被确定的？我国命名的月名有何含义？

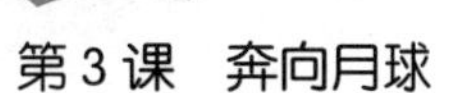

月球地理实体是指月球上的山脉、盆地、环形山等地貌形状。第一个给月亮上的地貌命名的人是伽利略。他利用一副自制的 30 倍折射式望远镜，对着月亮亲手画了世界上第一幅月球表面图，并把月面上最明显的高山用他家乡的亚平宁山脉来命名。早年的观测者凭借想象，借用地球上的名称，命名了许多洋、海、湾、湖。月海是肉眼所看到的月面上的暗淡黑斑，它们是广阔的平原。

在月球正面，月海面积约占整个半球表面积的一半。已经命名的月海有 22 个，总面积 500 万平方千米。从地球上看到的月球表面，较大的月海有 10 个：位于东部的是风暴洋、雨海、云海、湿海和虹湾，位于西部的是危海、澄海、静海、丰富海和冷海。这些月海都为月球内部喷发出来的大量熔岩所充填，某些月海盆地中的环形山，也被喷发的熔岩所覆盖，形成了规模宏大的暗色熔岩平原。因此，月海盆地的形成以及继之而来的熔岩喷发，构成了月球演化史上最主要的事件之一。

第 4 课　耀眼的大火球

一、知识导航

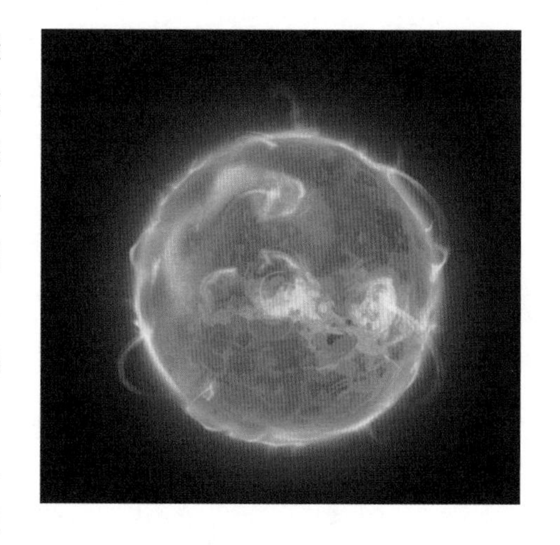

对于人类来说，光辉的太阳无疑是宇宙中最重要的天体。万物生长靠太阳，没有太阳，地球上就不可能有姿态万千的生命现象，当然也不会孕育出作为智能生物的人类。太阳给人们以光明和温暖，它带来了日夜和季节的轮回，左右着地球冷暖的变化，为地球生命提供了各种形式的能源。

在人类历史上，太阳一直是许多人顶礼膜拜的对象。中华民族的先民把自己的祖先炎帝尊为太阳神。在古希腊神话中，太阳神则是宙斯（万神之王）的儿子。

太阳，这个既令人生畏又受人崇敬的星球，它究竟由什么物质所组成，它的内部结构又是怎样的呢？太阳是一个巨大的、炽热的火球。在茫茫宇宙之中，它只是一颗质量中等的普通恒星而已，距离银河系的中心约 2.5 万光年，公转周期约 2.5 亿年。但是，它是整个太阳系的主宰，它的质量占整个太阳系质量的 99.865%。

太阳发出的光和热来自太阳的核心，那里的温度超过 1500 万摄氏度。核心部分在进行热核反应，产生的能量经过辐射层、对流层到达太阳大气的光球层部分，才能被我们看到。

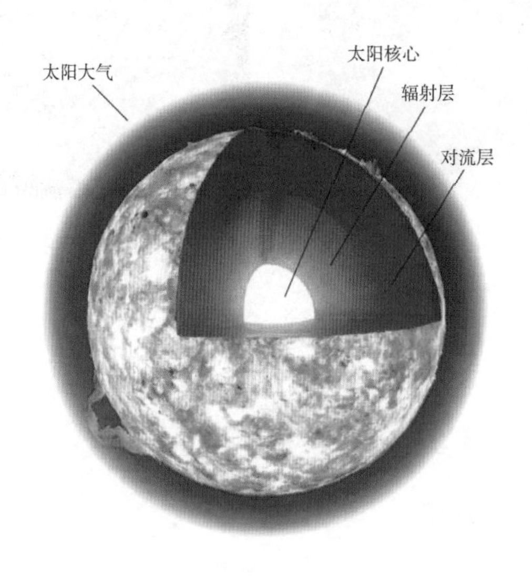

二、天文实验室："迷你太阳"结构剖面模型

材料和工具：美工刀、泡沫球、红色、橙色、黄色等颜色的橡皮泥（黏土）

步骤：

1. 先用铅笔在泡沫球的四分之一处做好标记，再用美工刀将泡沫球割开。

2. 把泡沫球用红色轻黏土在表面包裹薄薄的一层。想一想，这是太阳的哪一层结构？

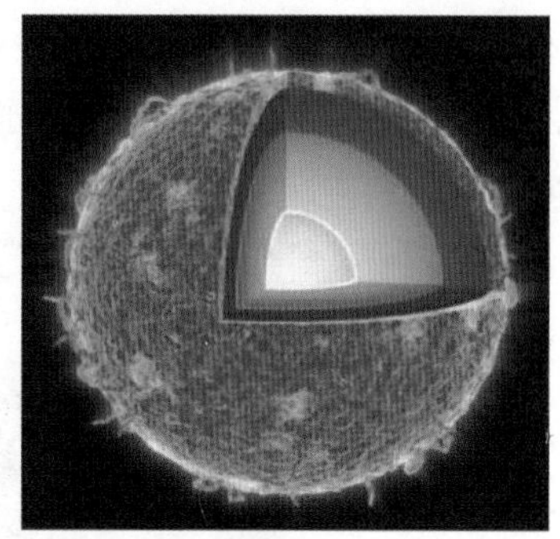

3. 再依次用橙色、黄色轻黏土在泡沫球外面各裹上一层。想一想，这两种颜色分别代表太阳的哪两层结构？

4. 请用标签纸给“迷你太阳”的结构写一个说明。

三、词汇和概念

太阳结构　　光球层

四、天文小贴士：太阳活动

从地球上看太阳，似乎非常宁静，事实上，太阳是一颗活动能力很强的星球。太阳的活动有哪些呢？

太阳黑子：在太阳光球层上，一些小的黑暗区域，经常成对或成群出现。因为相对其周围区域的温度较低（约 4500 摄氏度），所以看起来较暗，寿命可持续几分钟、数小时或长达数月。大黑子直径可达 2×10^5 千米，足以和地球匹敌。太阳黑子以 11 年为一个周期，最近的极大期是 2003 年和 2014 年，并预计 2025 年将达到新的极大期。1904 年，英国天文学家爱德华・蒙德记录了太阳黑子周期变化的图表，竟然呈现出一幅展翅欲飞的蝴蝶图案。

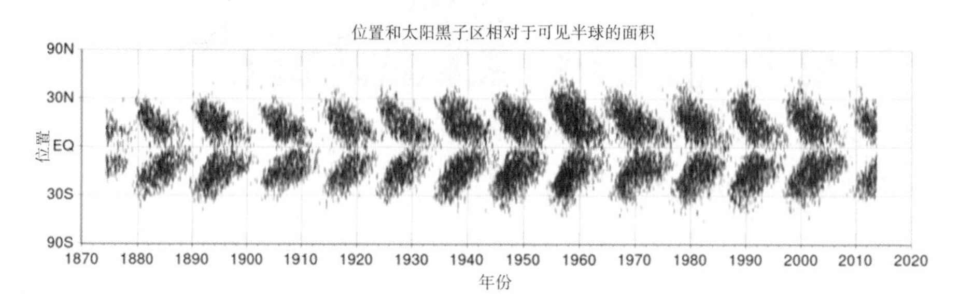

著名的“蝴蝶图”：黑子位置与时间的关系图

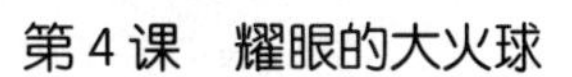

太阳耀斑：一种日面上突然的、剧烈的能量爆发现象，能释放相当于上百亿颗巨型氢弹同时爆炸释放的能量，或者相当于十万次至百万次强大火山爆发释放的能量总和。

日珥：在太阳大气色球层中的能量爆发而形成的强大气流，在日面边缘形成的巨大的、拱弧形状的云状结构。通常高度可达几亿米，可持续几分钟、数小时甚至几周时间。

第 5 课　太阳的一生

一、知识导航

太阳亘古不变还是有始有终?

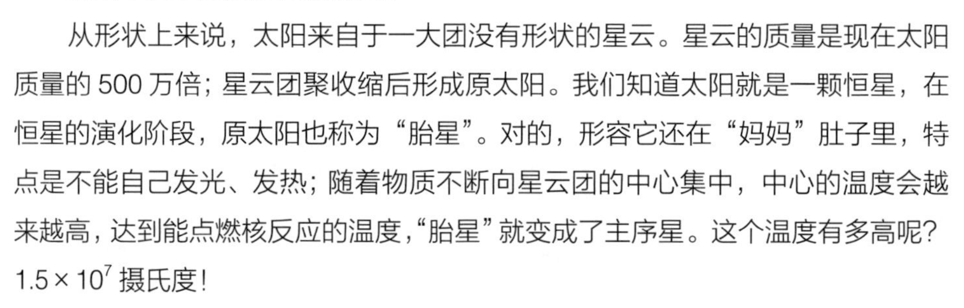

从形状上来说，太阳来自于一大团没有形状的星云。星云的质量是现在太阳质量的 500 万倍；星云团聚收缩后形成原太阳。我们知道太阳就是一颗恒星，在恒星的演化阶段，原太阳也称为“胎星”。对的，形容它还在“妈妈”肚子里，特点是不能自己发光、发热；随着物质不断向星云团的中心集中，中心的温度会越来越高，达到能点燃核反应的温度,“胎星”就变成了主序星。这个温度有多高呢? 1.5×10^7 摄氏度!

主序星相当于太阳的中青年阶段，太阳一生 90% 的时间处于主序星阶段。太阳诞生于差不多 46 亿年前，它的总寿命大约是 100 亿年。再过 50 亿年左右，太阳中心核反应的燃料会被耗尽，那时的太阳就进入了“死亡阶段”，先是膨胀成为红巨星，边界会达到火星轨道那里，地球就会被吞噬，即使不被吞噬，也会被烤化、烤焦。想想看，那时人类怎么办?

等到太阳中心的残余热量都散尽时，太阳中心就会形成一颗具备一定温度的“褐矮星”。这个时期，太阳是不能再产生新的热量了，等到最后的一点热量也消失时，太阳的最终结果就是一颗“黑矮星”，孤零零地漂泊在宇宙中。

你可能会问，我们的地球会怎样?这个问题，目前还没有人能够回答，需要小朋友们，以及今后、将来的小朋友们不断接力去回答。

二、天文手工坊：太阳美食

做一份美味的太阳美食，然后邀请周围的人品尝品尝。

材料和工具： 纸盘，红色、黄色、白色、棕色等颜色的橡皮泥（黏土）

步骤：

1. 讨论确定制作的内容。
2. 动手制作太阳美食。（注意：不是动口！）
3. 制作美食菜单，介绍太阳美食。

邀请大家来享用太阳美食吧！

三、词汇和概念

原太阳　　主序星

四、天文小贴士：恒星的主序星阶段

恒星核心的核反应，主要有两种形式：氢-氢（p-p）链和碳氮氧（CNO）循环。不论是哪一种形式，其净反应都是将四个氢原子融合成一个氦原子，所以恒星核心物质的总数会逐渐减少，也就是中心区的体积会变小。

若恒星质量小于太阳质量的 1.1 倍，核聚变以 p-p 链进行，恒星会有辐射核心和一个热对流的外壳。若星体质量更大，核反应会以 CNO 循环的方式进行。

CNO 循环的反应比较快，可以产生更多能量，这些恒星会有一个热对流核心和向外辐射的外壳。恒星在进入主序星阶段后，随着星龄（从胎星出生的那个时间算起）增加，体积会缓慢增加，亮度逐渐升高，但表面温度反而下降。

以太阳为例，太阳星龄已有 46 亿年，约处在中年期，核心温度已升高到 1500 万摄氏度，核心的氢氦比已由 3：1 降到 1：1（甚至 1：2），所以产能强度已大为降低。核心受外壳强大重力的挤压，物质的密度高达 150 克每立方厘米。依据恒星理论的推算，现在太阳的亮度比刚出生阶段高 30%。太阳的核中心氢的比例会持续下降，当核中心的氢用尽后，以组成成分来看，太阳的结构将会是个多层结构。除了自从诞生后，就未曾发生氢融合反应的外层（辐射层与对流层），核心的中心区是“氦核”，而“氦核”外面是仍在进行融合反应的核心层。氢融合层会逐渐变小，而“氦核”范围将持续增大，直到氢融合层消失，太阳被迫走上死亡之旅为止。

所以主序星的核心区，氢与氦的比例会随着星龄逐渐发生改变。除此之外，恒星能量产生的状态与能量传输的方式，也都会发生变化。受到上述因素的影响，主序星的性质会随星龄而略有变化。在赫罗图上主序星的分布并不是呈线状，而是分布在一个带状（主序带）区域上。在主序带上，零龄主序星是在主序带的下端，随着星龄的增加，逐渐向右上方移动。当主序星移至主序带的上缘时，星核的氢燃料已经耗尽，核心的氢核融合反应也终止了，恒星即将离开主序带，并走上死亡之旅。

第 6 课 太阳家族

一、知识导航

太阳系是由受太阳引力约束的天体组成的系统。它的最大范围可延伸到约 1 光年以外，位于银河系内，其星体位置是在离银河系中心约为 2.5 万光年的猎户座旋臂上，约 2.5 亿年绕银河系中心转一圈。主要成员：

太阳（质量占太阳系的 99.865%）；

八大行星：水星、金星、地球、火星、木星、土星、天王星、海王星；

矮行星（冥王星等）、小行星、小行星带；

彗星（扁长轨道）；

流星体等。

从太阳系的图示中看，八大行星差异很大。天文学中有关太阳系大行星的描述基本分为两大类：一是类地行星，有地球、水星、金星、火星；二是类木行星，有木星、土星、天王星、海王星。

太阳系内天体（彗星除外）的运动有共面、近圆、同向三大特点，都遵循大行星运动的三大定律。

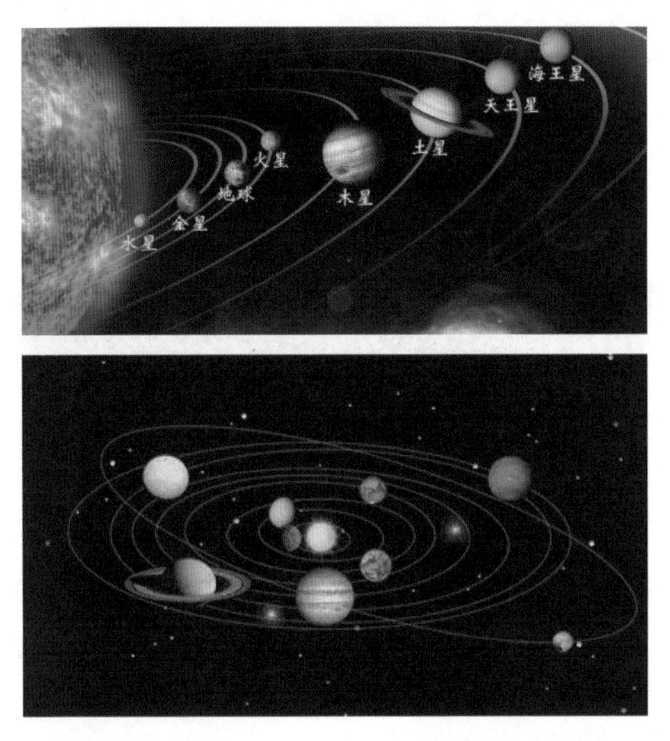

八大行星都在黄道（地球绕太阳公转轨道）面上逆时针绕太阳运行。而且，都是走了一个很近似圆的轨道。

二、天文实验室：太阳系模型

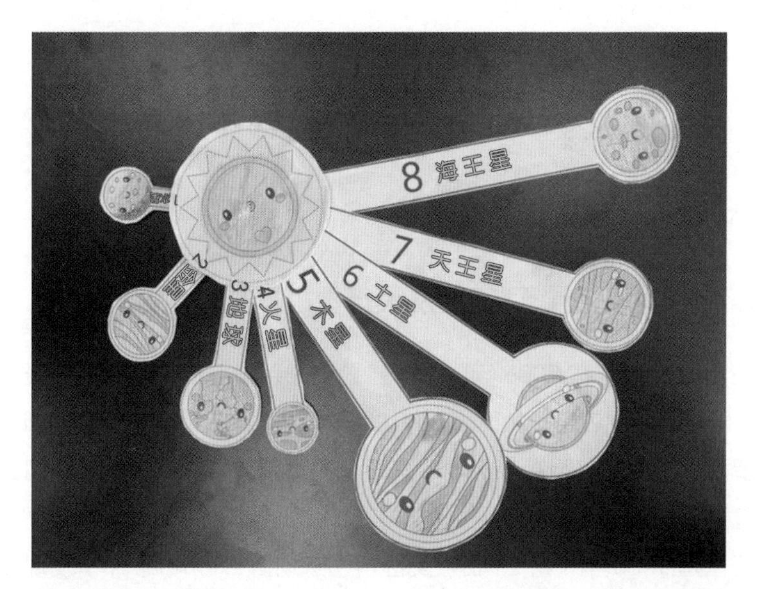

材料和工具：太阳系图画、水彩笔、双面胶、硬卡纸、剪刀、固定钉。

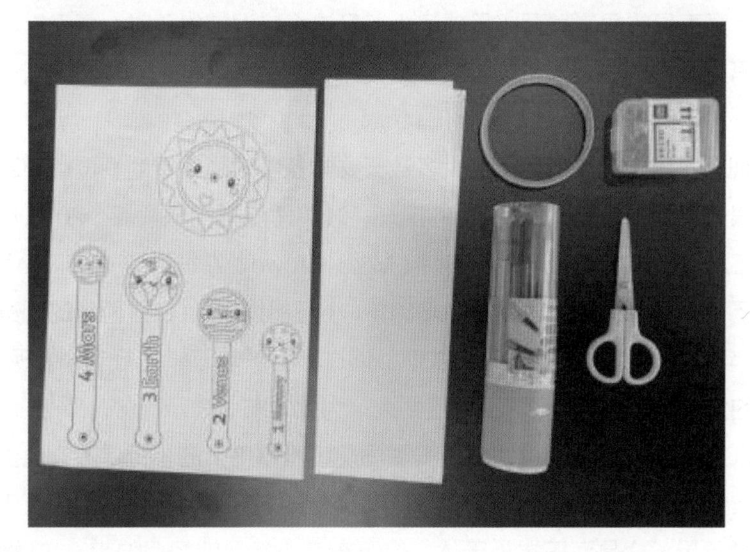

步骤：

1. 裁剪。将太阳系从纸上粗略剪下来。

2. 张贴在硬卡纸上，粘贴固定。

3. 二次裁剪。

4. 给太阳家族涂上自己喜欢的颜色。

5. 将太阳家族沿中心装订。

让太阳家族动起来吧！

三、词汇和概念

八大行星　　轨道

四、天文小贴士：冥王星从大行星“降格”为矮行星

冥王星（Pluto）在 2005 年以前一直是太阳系大行星中距离太阳最远、质量最小的一颗。冥王星在远离太阳 5.9×10^9 千米的寒冷阴暗的太空中姗姗而行，这情形和罗马神话中住在阴森森的地下宫殿里的冥王普鲁托非常相似，因此，人们称其为普鲁托。冥王星有一卫星，名叫卡戎。

冥王星是 1930 年 1 月 21 日被美国科学家汤博（Tombaugh）发现的。当时发现这颗大行星时错估了它的质量和体积（它太遥远啦），认为它比地球大几倍，但实际上冥王星的质量甚至比月球还小。等这个错误被纠正时，冥王星已经作为太阳系第九大行星被写入了教科书，也成为了太阳系内唯一一颗由美国人发现的行星。

发现冥王星之后，世界上的大多数天文学家都对冥王星的地位问题睁一只眼闭一只眼，直到“齐娜”（Xena）的出现，才将争论推向了顶峰。2003 年，美国加州理工学院的天文学家迈克 · 布朗（Mike Brown）在柯伊伯（Kuiper）小行星带发现了“齐娜”，并将其编号为 UB313（小行星编号）。经过两年的观察，他们在 2005 年 7 月向外界公布了这一发现。通过“哈勃”望远镜进行观测发现，“齐娜”的直径约为 2398 千米，比冥王星还要大。为此，布朗表示，“齐娜”应该被命名为太阳系第十大行星。但 IAU 位于美国马萨诸塞州剑桥的小行星中心负责人布赖恩 · 玛斯登（Brian Marsden）认为：“‘齐娜’的发现令人头疼，因为冥王星不像另外 8 颗行星，它是海王星外天体，位于布满小行星的柯伊伯带。‘齐娜’也是在柯伊伯带被发现的，因此如果冥王星算得上是行星，那‘齐娜’也有此资格。”问题还不仅于此，由于柯伊伯带上有许多岩石天体，因此如何为这些天体下定义和划界限也让科学家们头疼。

随着观测手段的进步，科学家在太阳系内发现了不少个头较大的天体，包括 2002 年发现的“夸欧尔”（Quaoar）和 2004 年发现的“赛德娜”，此二者都没有获得行星资格，因此冥王星的第九大行星地位愈发显得名不正、言不顺。不过，也有一些天文学家认为，将冥王星“降格”并不是个受人欢迎的决定，玛斯登就认为:“它们与公众的联系很大，但是天文学意义却很小。”

但这又是一个我们必须解决的问题。是把“齐娜”“夸欧尔”和“赛德娜”等新发现或将要发现的“个头较大”的“流浪者”都“提拔”为大行星，还是忍痛割爱把冥王星从大行星行列中“驱除”出去呢？2006 年 8 月 24 日第 26 届 IAU 大会上，大约 2500 名科学家和天文学家经过数天的激烈争论，最后表决通过将冥王星排除在大行星行列之外，将其列入“矮行星”。

第7课　星星知多少

一、知识导航

天上的亮星都有自己的名字，都有属于自己的一个星座，就像每个人都有名字，属于某一个集体一样。

星座的知识，严格来说并不属于天文学的范畴。它是一种把星星分类的方法，也是一种文化，是人类认识大自然时从直观观察到象形描述再到科学认识的一个发展过程。

古代的巴比伦人最早将天空分成了许多区域，称之为“星座”，每一个星座由其中的亮星的特殊分布来辨认。

到了古希腊人，他们把所能见到的部分天空划分成 48 个星座，用假想的线条将星座内的主要亮星连起来，把他们想象为人物或动物的形象，并结合神话故事给它们取了合适的名字，这就是星座名称的由来。

南天的星座是到 17 世纪环球航行成功后，经过航海家的观察才逐渐确认下来的。

1928 年，国际天文学联合会公布了全天 88 个星座的方案，这些星座分布在天赤道以北的有 29 个，横跨天赤道的有 13 个，分布在天赤道以南的有 46 个。

我国古代也有自己的星空划分系统，就是三垣四象二十八星宿。

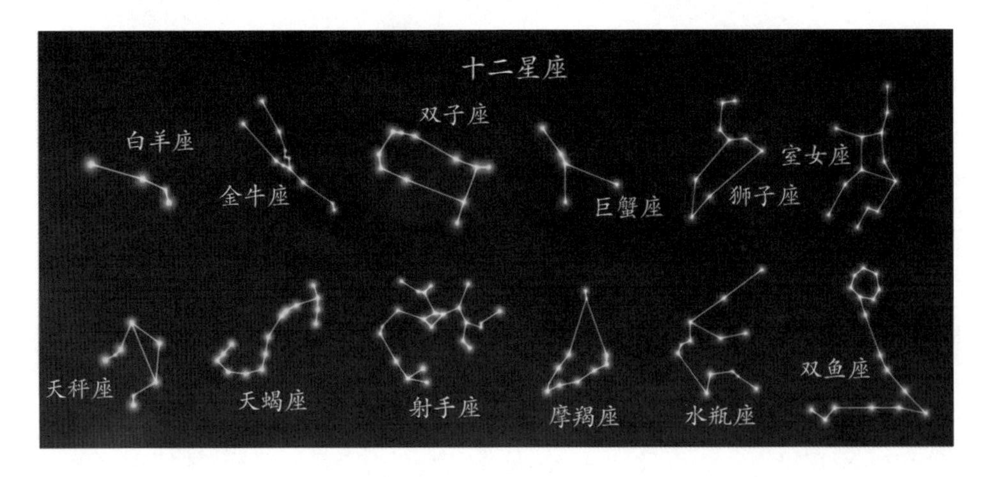

你看到的星座是不是这样的？

这是当你在地球上某一地点仰望星空看到的一群星星组成的图案，是人们“艺术性”地描绘了黄道十二星座。

但是你在太空中其他地方观看这些星座的时候，景象会是什么样的呢？

今天我们通过制作一个猎户座模型来了解事实真相！

二、天文手工坊：制作一个立体星座风铃

材料和工具：硬卡纸、细线、橡皮泥、胶带纸、铅笔。

步骤：

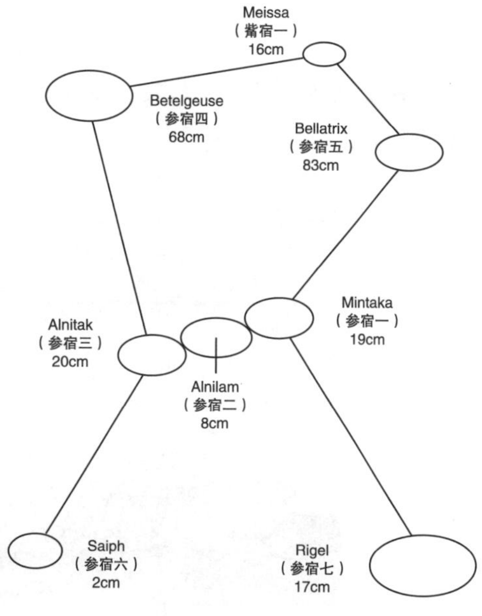

1. 将猎户座模型描到硬卡纸上。

2. 将橡皮泥捏成球，代表猎户座的星星，小球尺寸应该与图案中圆的尺寸相当。

3. 按照尺寸要求剪出细绳备用。

4. 将细绳与橡皮泥球相连，另一端用胶带将绳子末端粘在纸板上。

5. 请你的小伙伴手拿纸板，使橡皮泥球下垂，你从不同方向观察星座图案。图案看起来是一样的吗？

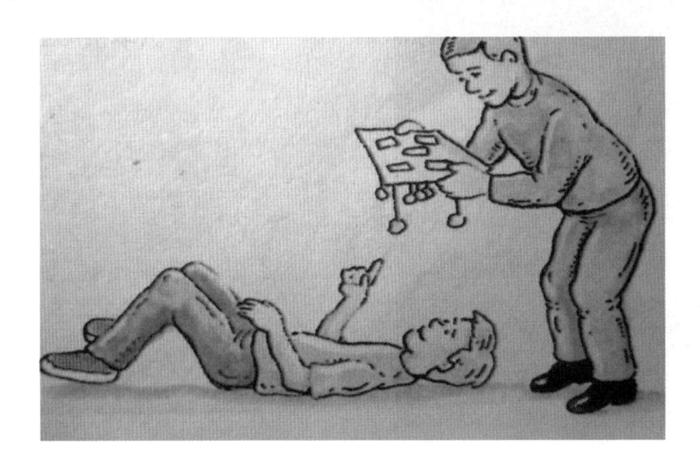

三、词汇和概念

星座　　星空投影

四、天文小贴士：星空投影

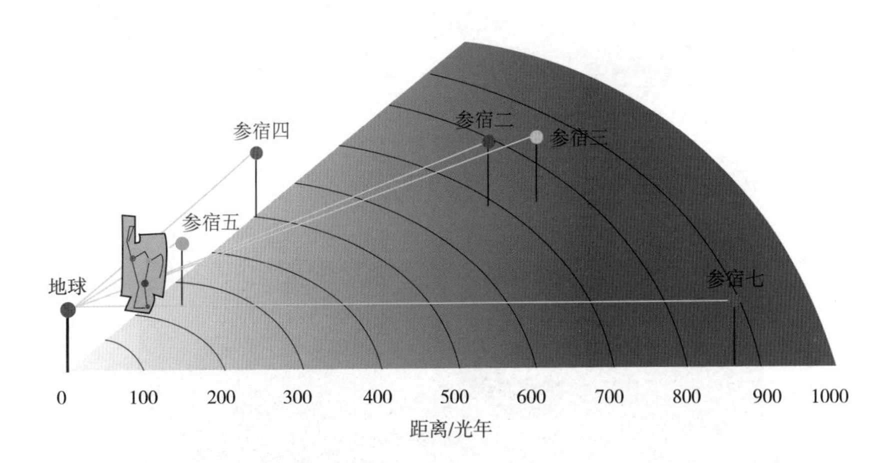

你知道吗，星座其实是立体的，你可以把整个夜空想象成黑色的幕布，每个星星都在上面形成一个投影点，我们在地球上看到同一个星座里的星星其实相差远不止十万八千里呢！

在同一个星座内天体的距离是不一样的。看看图上猎户座的几颗主星：肩膀上的参宿四距离我们 500 光年，而同样在肩膀上的参宿五则近了一半，距离我们 250 光年左右；“腰带”上的参宿二和参宿三看上去离得很近，可也有 50 光年以上的距离；最亮的参宿七就更远了，有 860 光年左右。所以，我们看到的星座，都是星空投影的视觉效果。

第8课　用手丈量天空

一、知识导航

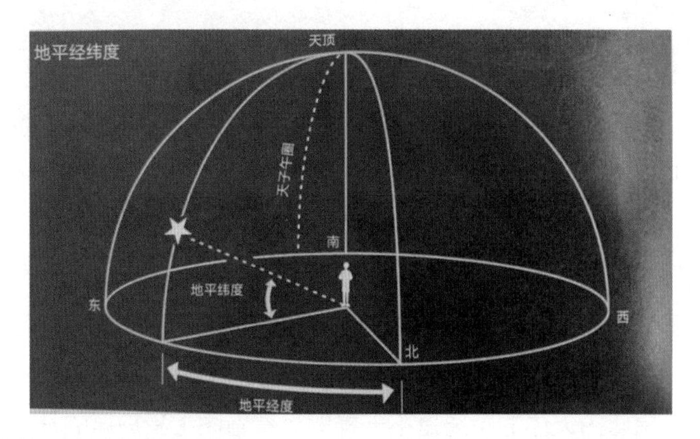

天空中的星星之间到底有多远？天文学家是把它们投影到天球上之后，用角度来度量这些天体之间的距离的。

在天文地平坐标系中，天体的位置可以通过地平经度和地平纬度（高度）来确定。

天空看上去像一个倒扣在头顶上的碗，这个碗的边缘就是地平线，而整个天空就是半个球面。从地平线开始，交替将你的拳头往上叠，一直叠到头顶，应该

是九个拳头左右，总计 90 度，这个在头顶上指向天空的点有一个特殊的名字——“天顶”。

地平纬度是以角度来衡量的，地平线为 0 度，头顶为 90 度。

地平经度是从正北开始沿着顺时针方向扫过的角度，0 度是正北方，90 度是正东方，180 度是正南方，270 度是正西方。

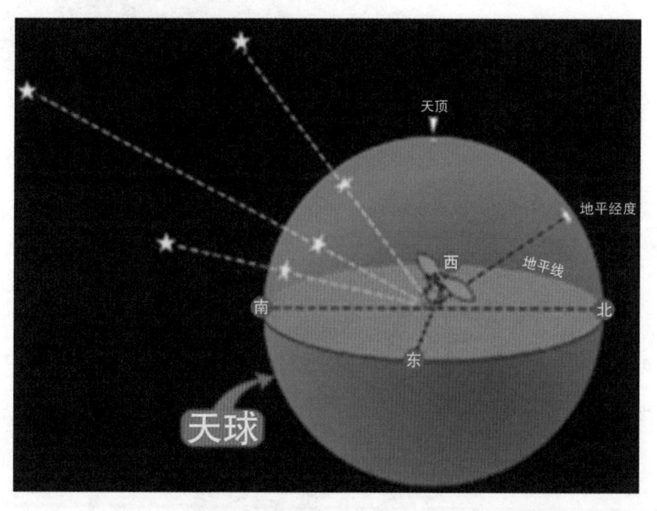

你知道吗？我们身上就藏着一把“尺子”，可以测量天空中星星的距离。

二、天文实验室：用双手度量星星

材料和工具：铅笔、实验记录册。

步骤：

1. 伸直手臂，伸出你的小指。

在远处找到一些匹配你的小指指尖宽度的东西，沿着你手臂的方向看你的小指。小指指尖的宽度大约就是 1 度。如果你看到远方有和你小指指尖宽度差不多的物体，我们就可以说这个物体有 1 度宽或者 1 度高。

2. 伸直你的拇指，大拇指指尖的宽度大约是 2 度。

如果你看到的远方有和你大拇指指尖宽度差不多的物体，我们就可以说这个物品有 2 度宽或者 2 度高。

3. 伸直你的手臂把手握成拳头，注意将手臂保持伸直状态，从小指的底部到食指的顶部大约是 10 度。

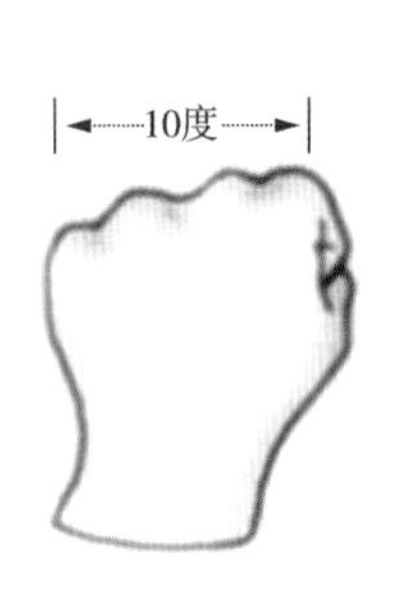

你的小指、大拇指和拳头这三个来测量角度的部位是你在观察天空的时候最常用到的。

4. 还有一些其他可能用得上的角度。

伸出食指、中指和无名指并且并紧。从食指边缘到无名指边缘的角度大约是5度。

接下来张开你的手，确保食指和小指倾斜张开，食指和小指之间的角度大约是15度。

最后保持张开的手，大拇指和小指之间的角度大约是25度。

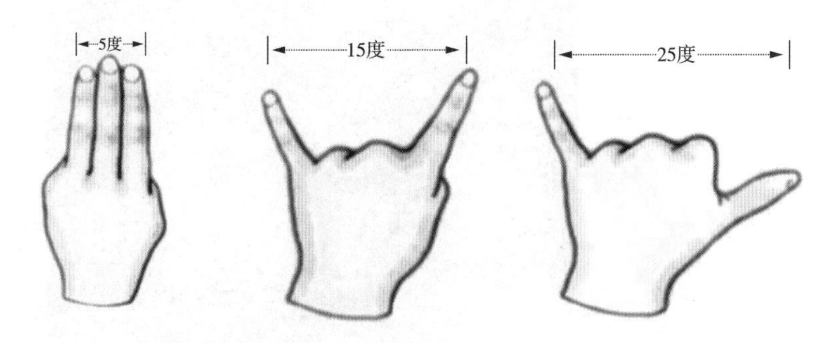

5. 用你的双手去测量身边一些日常物品的宽度和高度吧！别忘了记录在记录册上哦！

拓展任务：选择一个合适的日子，去户外用你的双手测量一下月亮的高度吧！等过几个小时，月亮升高后再比较一次！

三、词汇和概念

地平经度　　**天顶**

四、天文小贴士：北斗七星和北极星

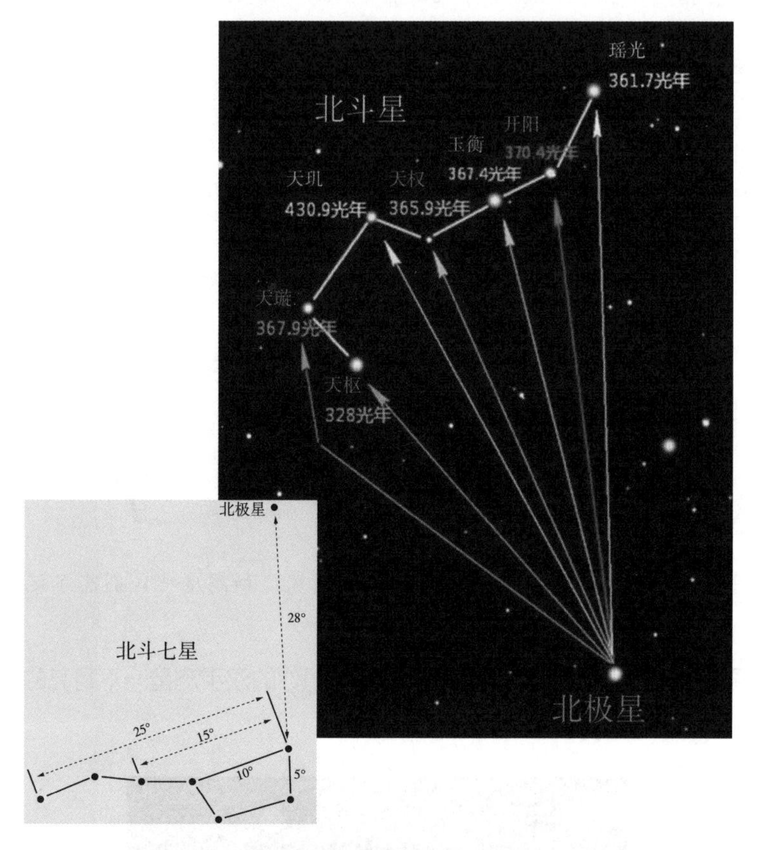

天体的大小和距离都可以用角度去衡量。月亮和太阳的直径大概是 0.5 度。北斗七星的跨度大概是 25 度，也就是你向天空中伸出“六”的手势所覆盖的大小。它们到北极星的距离换算成光年（光在一年中走过的距离），分别是：天枢，328 光年；天璇，367.9 光年；天玑，430.9 光年；天权，365.9 光年；玉衡，367.4 光年；开阳，370.4 光年；瑶光，361.7 光年。

第9课 星空观星指南

一、知识导航

在晴朗的夜空中，我们光靠肉眼就能辨识 3000 多颗星星。我们的祖先常常抬头仰望头顶这片星空，看的时间久了就总结出一些特殊星星的排列规律，然后运用连点成线的方式将它们串连起来，构成人们能理解的图案，并赋予生动的神话故事使它们成为一个个鲜活动人的星座。

所以单从书本上或星座图中所得到的知识与形象，并不能使我们真正认识星空（星座）。只有走到户外去看过星星，才能真正地熟悉天上的星座。而 88 个星座会在一年中轮流出现在天空中，所以要认识星座并不能一个晚上就了事，而是要一年四季经常观测，才能牢记不忘。

想要在夜晚获得一次愉快的观星体验，需要提前做好一些准备。

1. 做一个观星计划

要看什么，在哪里看，什么时间看，确定了这些之后，你还需要时刻关注天气情况。

2. 观星器材

根据你观察的对象，你可以选择合适的观星器材。有时候不一定需要一台专业且高级的天文望远镜，一只双筒望远镜，甚至一部智能手机都可以是一个很好的观星助手，你只需要提前安装好一些观星 APP 即可开启星空探索之旅。对于初学者，眼睛就是最好的观测仪器。

3. 其他辅助物品

防蚊虫药水、保暖衣物、防潮垫、躺椅。如果不希望有蚊子在一旁陪你看星星，在夏天出门观星时一定要记得带上防蚊虫药水。夏天的夜晚也会有些许凉意，不要觉得带上一件外套或者毛毯是多余的，到晚上冷风吹过，你会很感激自己的决定。

4. 一个好心态

观星爱好者有一个著名的“每逢观天象天气必不好定律”，可能当你做好所有的准备，即将出门的那一刻，老天爷却跟你开玩笑，下起了雨。这时候你需要一个好心态来安慰自己，“没事，总会有晴天”。

二、天文实验室：寻找北斗七星和北极星

你可以约上家人或者小伙伴，一起制订计划，选择一个春夏晴朗的夜晚，带好需要的装备，在太阳下山后来到空旷的郊区户外（如果是远离城市的郊外，建议事先“踩点”），开始你的天文观星之旅！

1. 寻找北斗七星

抬头望向北面天空，你可以利用指南针或者带有 GPS 定位的手机来确定方向，你能看到像勺子一样的北斗七星挂在半空。你可以伸直手臂并将手掌对向天空，北斗七星从斗口到斗柄的跨度大约和你的手掌差不多。你可以伸出你的右手，四指握拳大拇指伸出，大拇指的方向指向地球北极，四指方向就是地球自转方向。

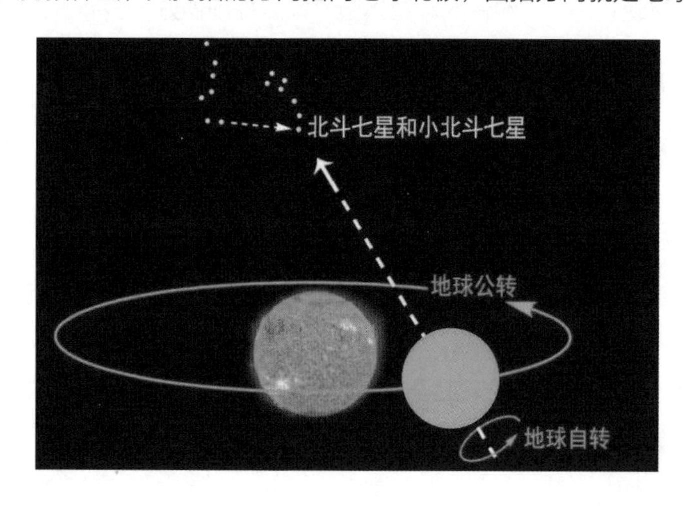

2. 确定北极星

确定北极星最简单也是最好的方法就是利用“北斗七星”，它们都属于大熊星座，在我国古老的星空划分体系中，属于二十八星宿的魁宿和杓宿。从北斗七星勺头边上的那两颗星（称为“指极星”），大熊星座的 α（天枢）和 β（天璇）引出一条直线，它延长过去正好通过北极星。北极星到勺头的距离，正好是两颗指极星间距离的 5 倍。

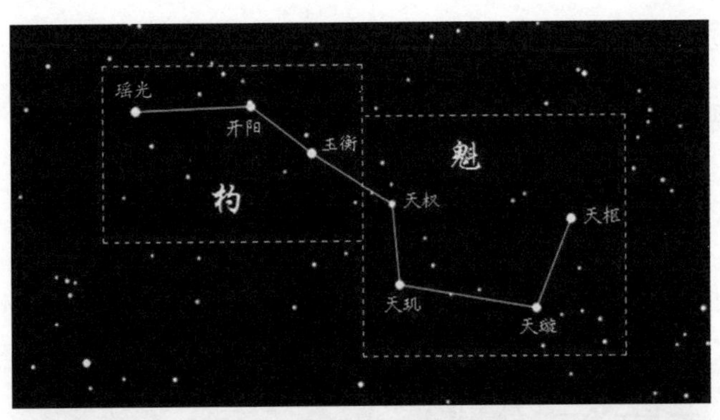
瑶光
开阳
玉衡
魁
杓
天权
天枢
天玑
天璇

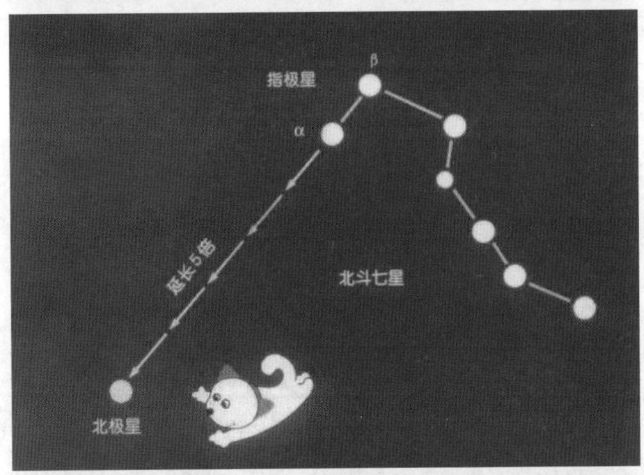
β
指极星
α
延长5倍
北斗七星
北极星

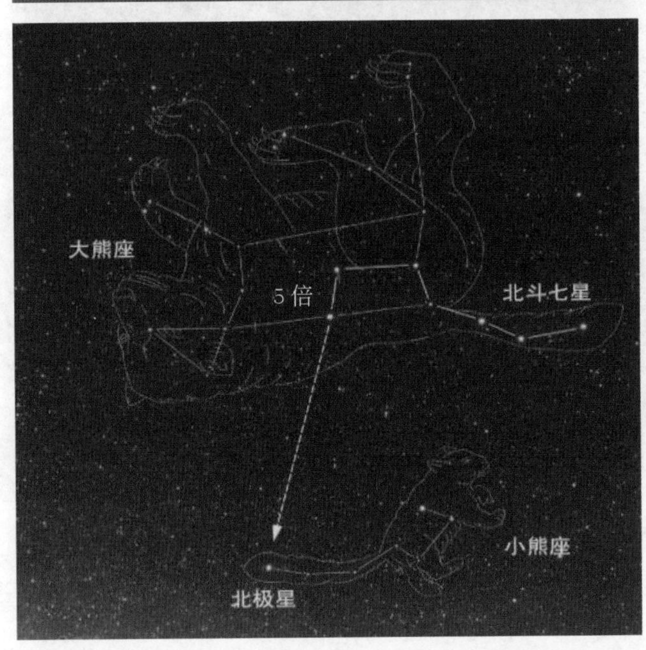
大熊座
5倍
北斗七星
小熊座
北极星

三、词汇和概念

天文观测　　北极星　　北斗七星

四、天文小贴士：中国星空故事

目前我们认识星空，基本上都是延续西方发展起来的 88 星座体系，里面包含了许多的几何图形、很多的神话故事。实际上，我们国家也有自己古老的星空划分体系——三垣四象二十八星宿。

紫薇垣是三垣之首，象征天上的皇宫；太微垣，象征天上的政府机构；天市垣象征天上的贸易场所。

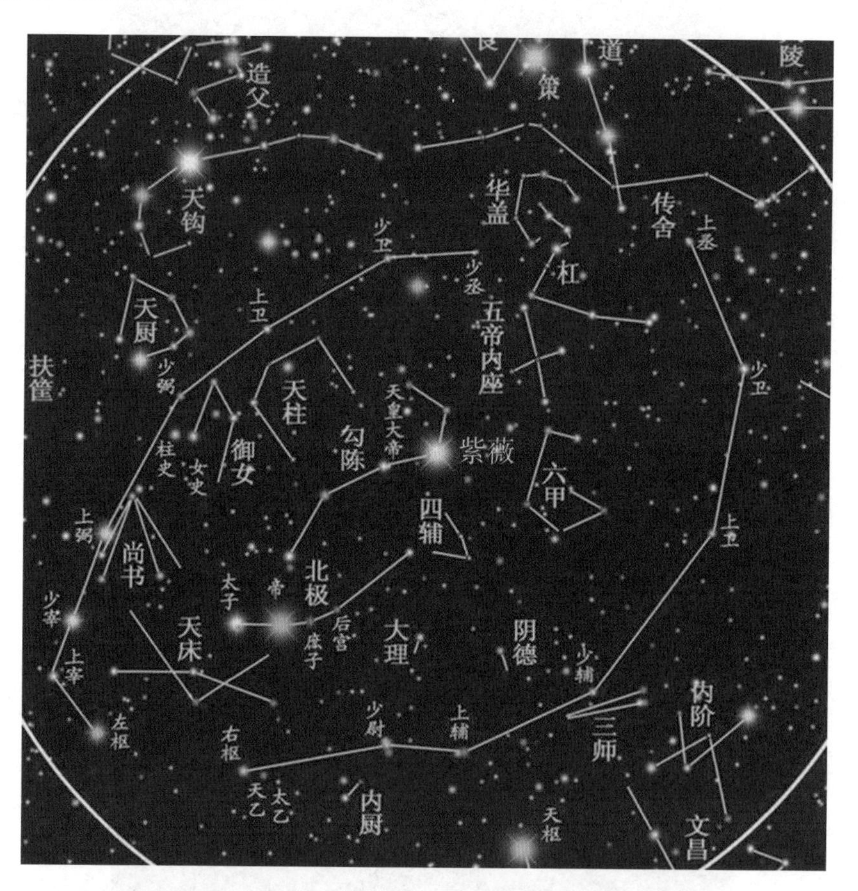

我们认星都是从北极星附近开始的，因为这里大部分的星星都处于北半球居民的“恒显圈”里。夜里出现的机会最多，最容易辨认。由于位于天空的“中央”，

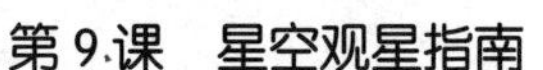

受周日视运动的影响很小，所以，在我国的星空划分体系里，“紫薇垣”在天空的正中，代表天上的皇宫。星名也从天帝到皇宫里的各式人员应有尽有。

这里有天上最重要的星星“组合”——北斗七星，“天轴”就在“左枢（星）”和“右枢（星）”中间，皇宫的城墙（垣墙）由“紫薇右垣”和“紫薇左垣”构成。城中的“北极”星就是宋代时期对应的北极星，当前的北极星为“勾陈一”（城中为紫薇星）。皇宫里还有“天皇大帝”星、“帝”星、“太子”星、“后宫”星等皇亲国戚，以及配合皇帝统治的“尚书”星、“大理”星，甚至还有为皇宫服务的“御女”“女史”“天厨”“天牢”等星。

北斗七星由天枢、天璇、天玑、天权、玉衡、开阳、瑶光组成。天枢、天璇、天玑、天权组成斗身，称“魁”；玉衡、开阳、瑶光为斗柄，称“杓”。从它们的名称，也能体会出它们在天上的重要性。

第10课　天文望远镜

一、知识导航

学习天文学，就要和天体打交道，获得天体的信息，分析天体的结构，研究天体的演化进程等，这一切，都离不开天文望远镜。即使你只是欣赏性地观星，望远镜也能给你带来和肉眼观测大不相同的感受。简单来说，一台24厘米直径的小望远镜，它让我们获得的信息量，就是人的肉眼的900倍。

第一个将望远镜指向天空的人，是意大利的天文学家、物理学家伽利略。他听说一个比利时的工匠利用玻璃镜片发明了望远镜，就立即动手制作了自己的望远镜，这是世界上第一台折射式天文望远镜。他迫不及待地将望远镜指向天空，看到了月亮上的环形山，和月牙一样的金星，以及对哥白尼的日心说起到了决定性验证作用的木星和围绕木星旋转的四颗最大的卫星。

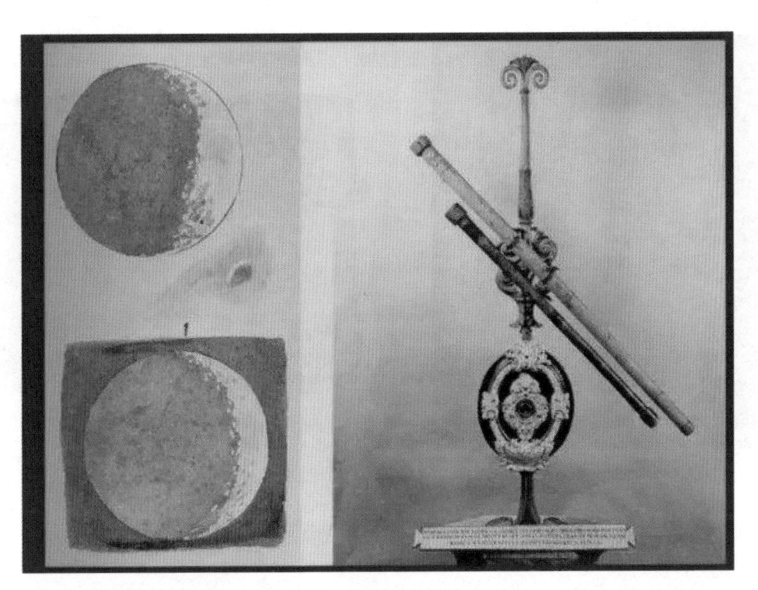

伟大的牛顿，你知道吧，他不仅仅发现了万有引力，还自己动手制作了世界上第一台反射式天文望远镜。目前，世界上最大的天文望远镜，基本上都是采用牛顿的反射式结构。

目前，天文观测用得最多的就是反射式天文望远镜。它和折射式天文望远镜都有着自己的优缺点，所以有了后来把它们综合起来的折反射式天文望远镜，这种望远镜很适合天文爱好者观测。另外，作为入门观测工具，我们也推荐质量足够好的双筒望远镜。

二、天文手工坊：用饮料瓶自制天文望远镜

材料和工具：一个饮料瓶、一张纸板、一个纸杯、一个纸轴、黑色马克笔、双面胶、剪刀。

步骤：

1. 将饮料瓶的瓶口和瓶底剪掉。

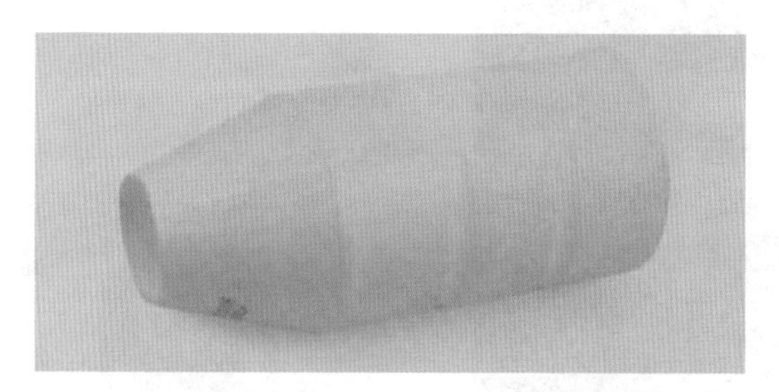

2. 将纸板卷出纸筒形状并粘好。

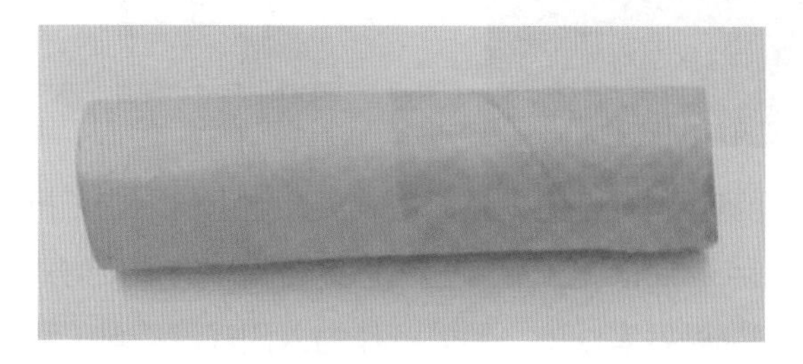

3. 将纸筒和饮料瓶连接在一起。

4. 剪掉纸杯的杯底。

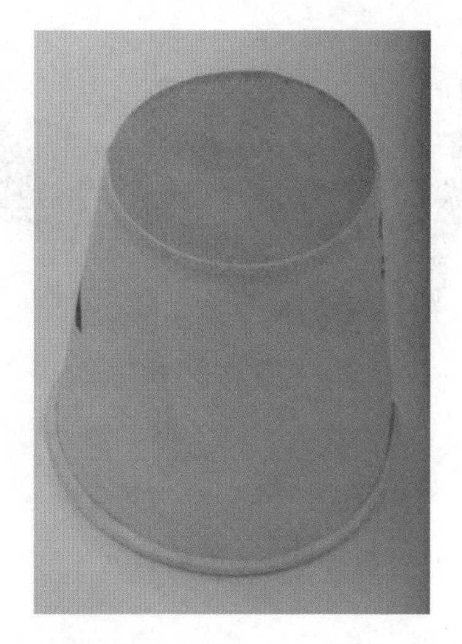

5. 将纸杯和饮料瓶、纸筒连接在一起。

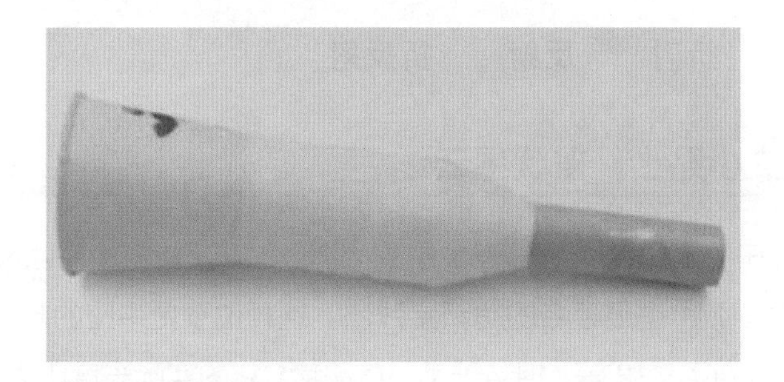

6. 将纸杯、饮料瓶和纸筒涂成黑色。

7. 将纸轴剪成图中的形状，涂成黑色。

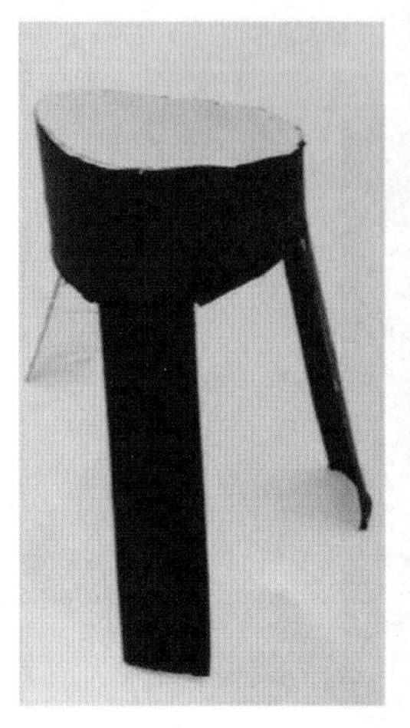

8. 将做好的天文望远镜放到纸轴上。

三、词汇和概念

望远镜　　折射　　反射　　折反射

四、天文小贴士：蟹状星云

蟹状星云在《星云星团新总表》中列为 NGC1952，在《梅西耶星表》中列第一，代号M1。M1 是最著名的超新星残骸。这颗位于金牛座的超新星爆发时其绝对星等估计达到了 -12 等，相当于满月的亮度，它的实际光度比太阳强 5 亿倍，白天也能看到。蟹状星云就是在我国宋朝年间 (1054 年) 记录的一次超新星爆炸的遗迹。

蟹状星云至今的辐射也比太阳的大，射电观测发现它的辐射强度在各个辐射波段都基本一致，要发射这样强的无线辐射，它的温度要在 50 万摄氏度以上，对一个扩散的星云来说，这是不可能的。苏联天文学家什克洛夫斯基(Shklovsky)1953 年提出，蟹状星云的辐射不是由于温度升高产生的，而是由“同步加速辐射”的机制造成的。这个解释已得到证实。

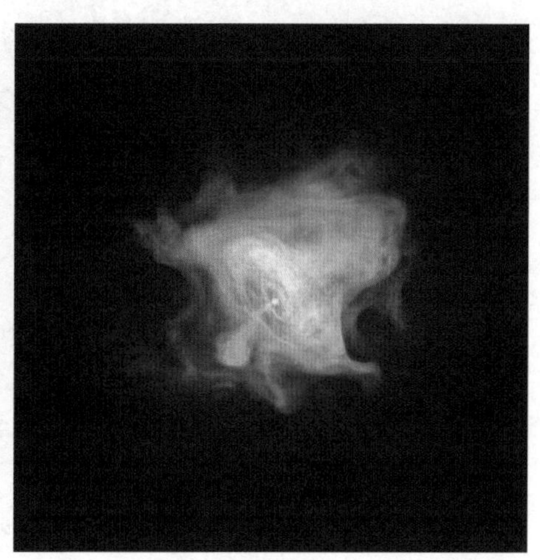

蟹状星云脉冲星（NP0532）1968 年首先在射电波段发现，因为它的发现，英国物理学家马丁·赖尔和安东尼·休伊什获得了 1974 年的“诺贝尔物理学奖”。它是 1982 年前发现的周期最短的脉冲星，周期只有 0.033 秒，随后人们发现它还是光学、X 射线、γ 射线和红外波段的脉冲星。能够在所有电磁波段上观察到脉冲现象的只有它和另一颗很难观测的脉冲星。

它的目视星等为 17，距离地球约 6300 光年。这颗高速自旋的脉冲星证明了 20 世纪 30 年代对中子星的预言，肯定了一种恒星演化理论：超新星爆发时，气体外壳被抛射出去，形成超新星遗迹，就像蟹状星云，而恒星核心却迅速坍缩，由恒星质量决定它的归宿是白矮星、中子星或是黑洞。中子星内部没有热核反应，但它的能量却又大得惊人，比太阳大几十万倍，这样大的能量消耗，靠的是自转速度的变慢，即动能的减少来补偿，这样才能符合能量守恒定律。第一个被观测到的自转周期变长的中子星，恰好是 M1 中的中子星。

第11课　宇宙大爆炸

一、知识导航

宇宙大爆炸，天文学家的意思是说，宇宙是来自于一次能量和物质之间的大转换，转换之前，宇宙中只有以光子形式存在的能量，体积膨胀（爆炸）之后，能量就变成各种物质了。

科学是在对未知世界的不断探索中发展的。天文学分支学科的宇宙学就是要回答宇宙是如何开始、怎样演化以及如何灭亡的。

“大爆炸宇宙论”（the big bang theory）是现代宇宙学中最有影响的一个学说。它的主要观点是：宇宙是由一个致密炽热的奇点于137亿年前一次大爆炸后膨胀形成的。一个能量无限集中的集合点急速膨胀造成了一切，那时的温度高达几十亿摄氏度！30万年后，温度逐渐降低，宇宙的膨胀逐渐减慢。在时间起点之后100万年左右开始，恒星和星系得以形成，并在恒星内部和恒星死亡的过程中形成了各种元素，而终于产生了太阳、地球和我们人类。

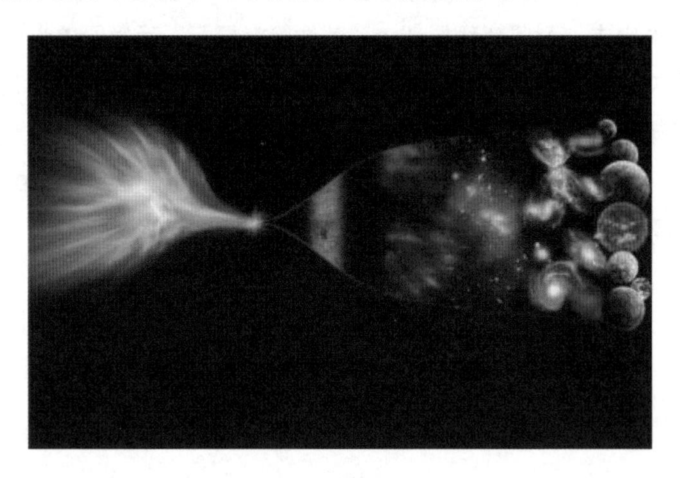

二、天文实验室：宇宙大爆炸

材料和工具：气球、彩纸、彩色笔、剪刀、能上网的计算机或手机、实验记

录册。

步骤：

1. 用剪刀将彩纸剪成指甲盖大小的小纸片。

2. 小组合作查阅资料，了解宇宙中存在的物质、天体，并将它们一一记录下来。

3. 将你们记录的物质一一写在彩纸片上，尽量写多一些，也可以重复。

4. 将你们准备的彩纸片都装进气球中。

5. 向气球中吹气，让它变得大一些，注意不要将气球吹爆，然后扭紧进气口并将气球封口。

6. 模拟一次大爆炸：用大头针戳破气球，看看这次“宇宙大爆炸”中产生了什么惊喜。

三、词汇和概念

宇宙大爆炸　　能量

四、天文小贴士：古代人设想的各种宇宙

我国古人想象整个大地就漂浮在茫茫水面上，或是什么气体中。

天空是一个由盘古开辟出的大圆球，罩在四方形而且平坦的大地上。这就是祖先认为的“天圆如张盖，地方如棋局”。古人说：蓝天就像是一个半球形的圆盖，大地就像一块四方的棋盘，有四根“擎天柱”支撑着天和地，而蓝天与大海相连。

关于地球、人类和万物起源的故事、传说、神话，世界上几乎每个国家和民族都有，统称为“创世神话”。

两河流域的巴比伦人创造了星座，他们认为地球是一座中空的山，它的四周被海水环绕。死去的人住在这座山的里面。山的上方有一个坚固的穹顶，穹顶上分布着防洪闸，这样山就不会被上方的海水淹没了。每隔一段时间防洪闸就会打开，这时地球上就会下雨。太阳、月亮和其他星星都漂浮在这个穹顶上。

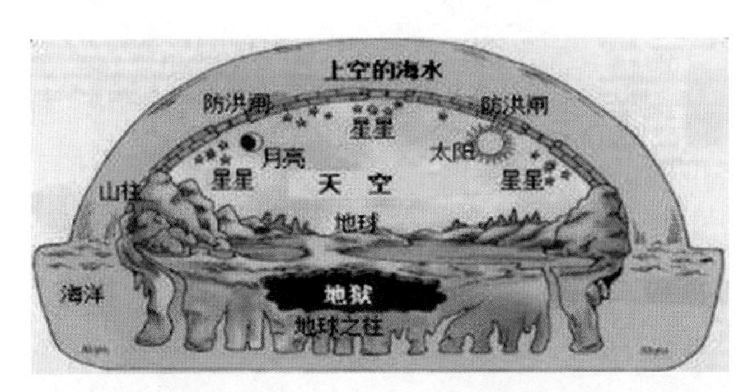

古埃及人对地球有着不同的认识。他们认为地上躺着的绿色的巨人是古埃及的大地之神盖布，他掌管着植物的生长；空气神（舒）双手托着蓝色的女神（努特），而后者代表的是天空。

古印度人对地球有多种认识，但历史书中流传最广的是下页第二幅图。古印度人认为地球（图中的大地）是一个倒置的碗，支撑地球的是几只巨大的大象；而大象又站在一只巨大的乌龟背上，它是印度主神毗湿奴的化身。毗湿奴、地球、大象又被一条巨大的眼镜蛇环绕，眼镜蛇代表着水。

古印度人是信奉多神的。当然，这都是因为古代人不能实际证明地球的存在，所以，只能够靠猜，靠想象。还有俄罗斯人的鲸鱼，古罗马人的鳄鱼、白象等，都是借助于大自然的“神物”，通过上帝的意志来“创造”地球的神话。

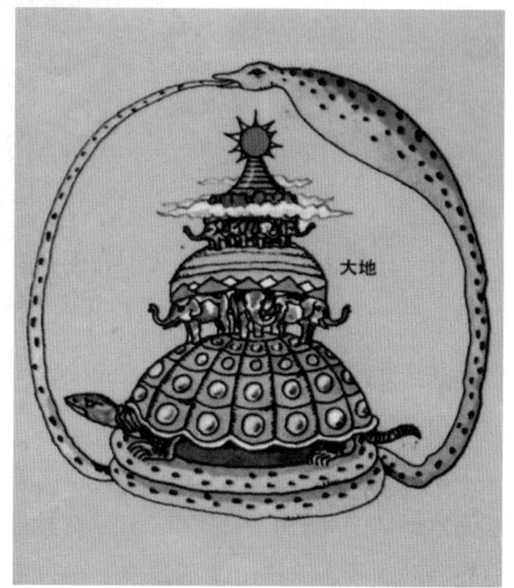

第12课　小行星和恐龙灭绝

一、知识导航

恐龙是怎样灭绝的？这一定是一个你关心的话题。我们可以这样猜想，事件起源于一次小行星撞击地球。当然，并不是地球上的恐龙瞬间都被烧死、砸死了，恐龙的彻底毁灭是经历了一个过程的，地球物理和考古发现告诉我们，这个过程最少持续了几十万年。

小行星撞击地球并不是只有恐龙灭绝的那一次，地球自诞生以来，最少已经遭遇过三次以上直径在 10 千米以上的小行星的撞击。

第一次是在地球刚刚形成球形的时候，一颗小行星劈头盖脸地撞上了地球，地球几乎被一分为二，而那颗小行星则彻底崩解了。它的核心变成了现在的地核，它撞击后的碎片又聚合为现在的月球。

第二次大的撞击，发生在距今大约 2.5 亿年前，撞击的结果造成了地球上超过 95% 的生物灭绝。

第三次就是发生在 6500 万年前，使得恐龙灭绝的这一次。

地球是太阳系的第三颗大行星，在它的轨道外面是火星。而在火星和最大的大行星木星之间，是火木小行星带。在最外面的大行星海王星的外面，还有一个

冥王星存在其中的柯伊伯小行星带，在太阳系的最外围还有一个奥尔特星云带。这些“带”里都有着上百万的小天体，如果它们的轨道和地球的轨道交叉，至少也要形成流星（雨），个头大的小天体，就会形成陨石。

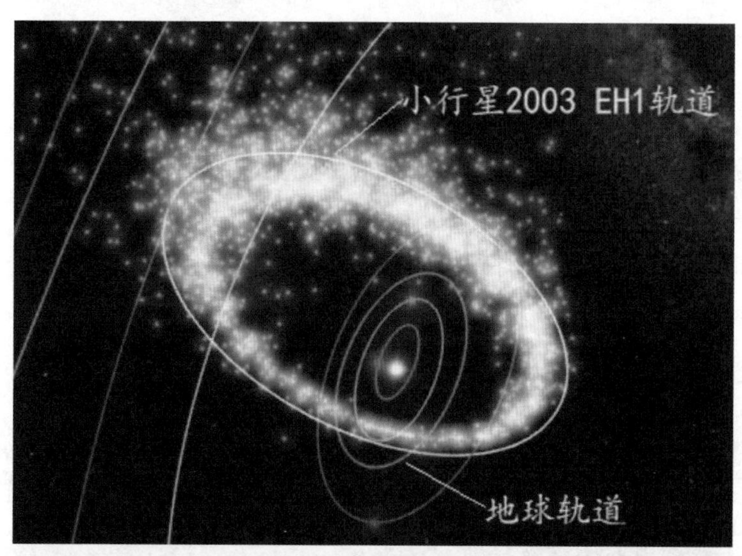

二、天文手工坊：侏罗纪恐龙化石考古

材料和工具：恐龙石膏模型、刮铲、凿子、刷子、锤子、喷壶。

步骤：

1. 用凿子和锤子将石膏打破。

2. 用刮铲挖掘，注意不要把恐龙化石挖破。

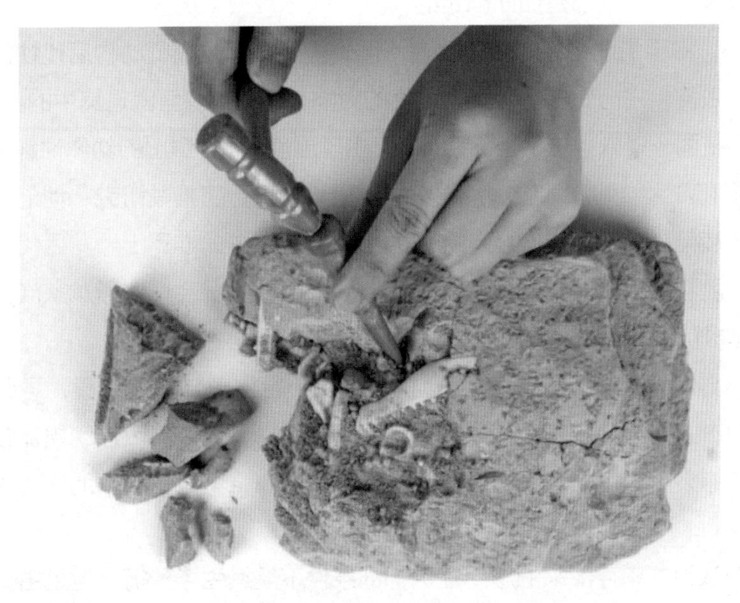

3. 用刷子清理化石上的灰尘，可以适当喷水防止灰尘飞起。

4. 敲开石膏，将恐龙化石取出，用刷子刷干净。

向你的小伙伴展示你的恐龙化石吧！和大家演一演恐龙灭绝的过程。

三、词汇和概念

天体　　宇宙

四、天文小贴士：恐龙灭绝的各种说法

恐龙究竟为什么在地球上销声匿迹？一直以来，科学界对此争论不休。

英国科学家提出了一种有趣的推测：如果恐龙的生理结构类似于当今的爬行类动物的话，那么 6500 万年前，由于地球环境发生了巨大变化，恐龙后代的性别大受温度影响，出现了严重的性别失调现象，雌性恐龙越来越少，以致恐龙家族渐渐无法继续繁衍。

在动物王国中，脊椎动物的性别是在受精的一刹那由父母双方的染色体决定的，如果一条 X 染色体遇到了一条 Y 染色体，那么下一代性别就是雄性；如果两条 X 染色体相遇，那么下一代性别则为雌性。哺乳动物、鸟类、蛇类以及爬行动物中的蜥蜴后代性别都是如此确定的。

然而，由于生理构造和新陈代谢不同，大多数卵生爬行动物后代性别的确定方式非常独特，它们受孵化时巢穴温度的影响，海龟和鳄鱼就是其中的典型代表，即便它们在同一巢穴中生下上下两层蛋，由于温度不同，孵出的幼体性别也不同。

英国利兹大学的米勒教授带领一个科研小组进行了相关研究，他们认为恐龙的生理构造与当今的卵生爬行动物颇为相似，他们由此推测出恐龙后代的性别很可能也会随着温度的变化而改变，并提出寒冷天气状况会导致恐龙家族多添雄性宝宝，这极可能是导致恐龙覆灭的重要原因。

科学界的说法是：在 6500 万年前，一颗小行星曾与地球相撞，导致许多恐龙和其他古生物死亡，碰撞使得大量尘埃漫天飞舞，还令火山运动更加频繁，导致大气中的火山灰增多，因而地球上一度阴云密布，罕见阳光，地球的温度随之急剧下降。

米勒认为，幸存下来的恐龙在这样的条件下继续生存繁衍，但是由于天气寒冷，恐龙妈妈孵出的大多是雄性小恐龙，这使恐龙世界雌雄比例严重失调，随着雌性恐龙的逐渐减少，恐龙家族也就走向了灭亡。米勒研究小组中的另一位专家西尔博也表示：“在 6500 万年前，地球上的生命并没有全部灭亡，当时的温度发生了极大的变化，但是那些庞然大物（指恐龙）的遗传系统并没有改变，所以无

法与环境适应，以致恐龙家族性别失调。”

有人指出，早在小行星撞击地球之前，海龟和鳄鱼已经出现在地球上了，它们又是如何逃过这场劫难，顺利繁衍到现在的呢？专家们也对此做出了解释：“这些动物（指海龟和鳄鱼）一直生活在水陆交界地带，诸如河床和浅水洼里，这些地方的环境变化相对较小，因而它们有较为充裕的时间去适应环境的变化。”

关于恐龙灭绝还有一些其他说法。

- “气候大变动论”。持这种说法的科学家们认为白垩纪晚期的造山运动引起气候的剧烈变化，许多植物枯死，食用植物的恐龙因此死去。
- “疾病论”。美国权威的病理学家认为，在地球上恐龙这一物种发展到最鼎盛的时候，一场类似于人类目前面临的艾滋病一样的神秘病毒或者瘟疫突然席卷了整个地球，使称霸地球长达 1.4 亿年的物种灭绝。
- “地磁移动论”。美国学者提出，地球磁极的极圈曾多次发生移动，每次移动都导致自然环境巨大变化，恐龙难逃绝种之劫。
- “便秘论”。持这种观点的人认为，食草类恐龙的食物以苏铁、羊齿等植物为主，后来这类植物灭绝，所以恐龙们不得不改食桑树等植物，造成便秘，食而不化而死亡。
- “种族老化论和哺乳类竞争论”。持这两种观点的人认为，在生存竞争中，“后来者”哺乳类不但与恐龙争食，而且把恐龙蛋吃光了，使恐龙绝了后。

第13课 我们的银河系

一、知识导航

银河，在夏季晴朗的夜空里它就像是一条用牛奶滴铺成的路，银河系（Galaxy）的英文也可以是 Milky Way（“牛奶路”）。它高高地悬挂在天空，我们的太阳系就身在其中。我们熟悉的“牛郎”和“织女”，就在河的两边。

我们身在银河系之中，而天上的银河（天河）就是我们从地球往银河中心方向所看到的景象。银河系中心基本上是位于人马座方向。那里恒星密布，看上去到处“雾气弥漫”，实际上那里密布着成千上万的星云和小星系。古代玛雅人就曾经把人马座称为“星星的仓库”。

银河系属于旋涡星系，有 5 大旋臂：英仙臂、人马臂、南十字臂、矩尺臂和我们太阳系所处的猎户臂，太阳距离银河系中心约 2.5 万光年，以 220 千米每秒的速度绕银河系中心旋转。太阳运行的方向，也称为太阳向点，指出了太阳在银河系内游历的路径，基本上是朝向织女星，靠近武仙座的方向，偏离银河中心大约 86 度。太阳环绕银河的轨道大致是椭圆形的，但会受到旋臂与质量分布不均匀的扰动而有些变动，我们目前在接近银心点（太阳最接近银河中心的点）1/8 轨道的位置上。

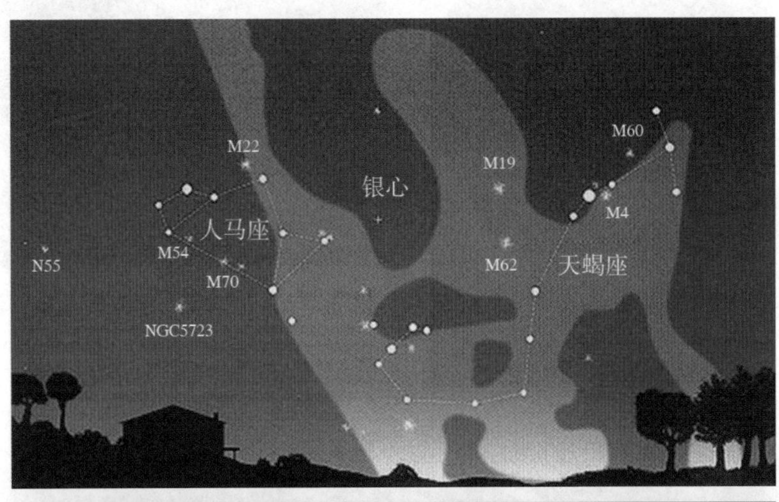

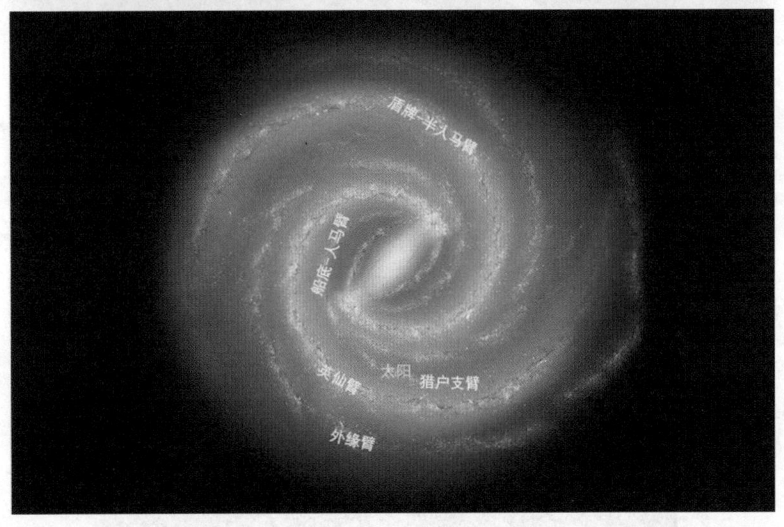

二、天文手工坊：制作一个星系风车

材料和工具：剪刀、小木棒、扭扭棒（或小铁丝）、打印彩纸。

步骤：

1. 打印或绘制一份星系图，剪成正六边形，画线，沿着白线剪开，6 个角和中心处各打一个孔。

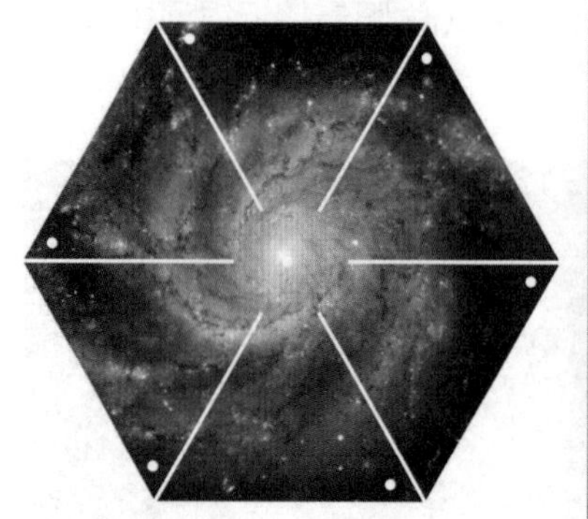

2. 翻转纸面，用扭扭棒（或小铁丝）先穿过中心孔，再依次穿过每一条边的角孔。

3. 翻转至正面，调整每一扇叶片的形状，最后进行固定。

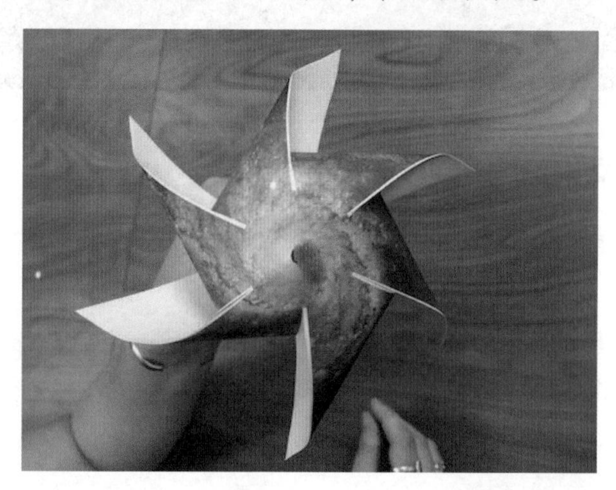

4. 将风车背面多出来的扭扭棒缠绕固定在小木棍上，注意松紧适宜，这样风车才能转动起来，可以边调试边固定。

星系风车就做好啦！试一试，让你的星系风车转动起来吧！

三、词汇和概念

银河系　　旋臂

四、天文小贴士：关于银河的传说

从前有一个跟着哥嫂生活的孤儿，既聪明又勤快，可嫂嫂仍嫌弃他，天不亮就赶他上山放牛，大家都叫他牛郎。几年后，哥嫂和牛郎分了家，狠心的嫂嫂只给他一间破茅房、一头老牛。

几年后，牛郎长大了，老黄牛也快老死了，临死之前，老黄牛突然开口说话：“主人啊，老牛要回天庭，不能再陪你了。三天后在咱家门前这条河的上游，会有七个仙女下凡洗澡，等她们下了水，你就把那身绿颜色的衣服偷偷拿走，赶紧往家跑，衣服的主人为了找衣服，就得追你到家里，她就是你的媳妇儿。”说完老黄牛就咽了气。三天后牛郎照做，一来二去，穿绿衣服的仙女果然成了牛郎的媳妇儿。这个媳妇，不仅会洗衣做饭，还织得一手好布，原来她本是天上的织女。后来两人有了一双儿女，牛郎下田种地，织女在家织布，尽管日子过得清苦，好在夫妻二人感情深厚，相敬如宾。

话说天上一日，地上一年，一眨眼就过了好几年。玉皇大帝发现织女下了凡，大发雷霆，命令王母娘娘将织女带回天庭。王母娘娘只得照做，下凡之后，趁牛郎下田耕地，将织女带回。牛郎回到家中，见家里只剩下哇哇大哭的一双儿女，一问才知织女被王母娘娘带走了。牛郎找来一副挑水的担子，前后挂上两个箩筐，把两个孩子往筐里一放，就往天上追去。眼看着就要追上了，王母娘娘急忙从头上拔下银簪，在身后划了一道，就变成了银河。牛郎过不去，急得直哭。看着爹爹也在哭，两个孩子就哭得更厉害了。织女见此情景，也嚎啕大哭。苦命的一家，感动了银河边的喜鹊，于是成群的喜鹊搭成了鹊桥，终于让牛郎织女一家再度相会。王母娘娘也被感动了，就劝说玉皇大帝同情一下这可怜的一家，玉皇大帝最终下令，每年的七月初七，牛郎织女一家可以在鹊桥相会，这便是“七夕节”的由来。

第14课　伟大的天文学家

一、知识导航

托勒密、哥白尼、伽利略、开普勒、牛顿、赫歇耳、哈勃、爱因斯坦……如雷贯耳的名字，一个接一个。他们不仅仅书写了天文学的历史，更是开辟了人类认识世界、认识宇宙的康庄大道。

托勒密明确提出了地心宇宙体系，即地心说。

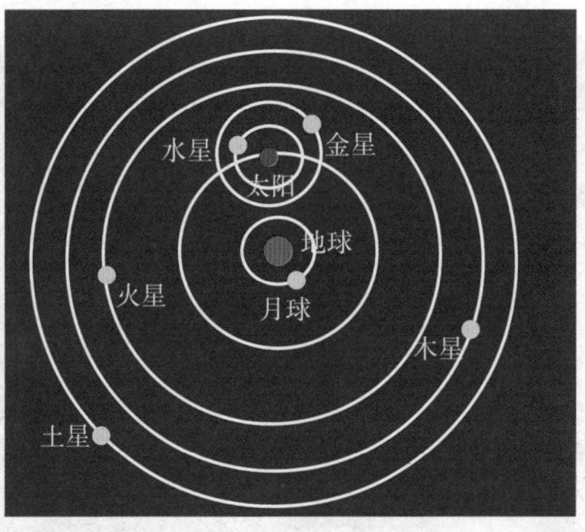

哥白尼根据观测和科学事实，提出了日心说。

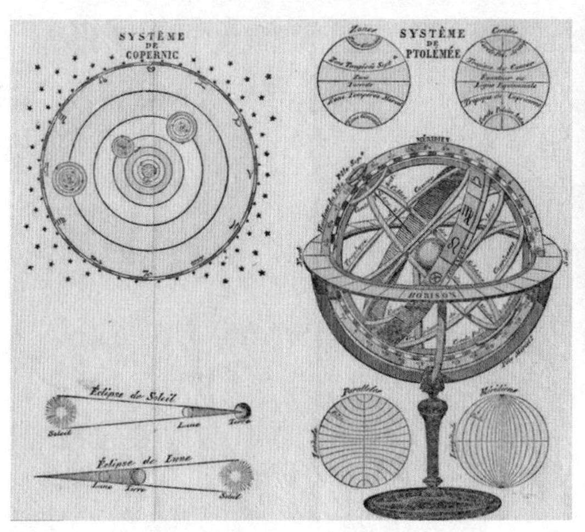

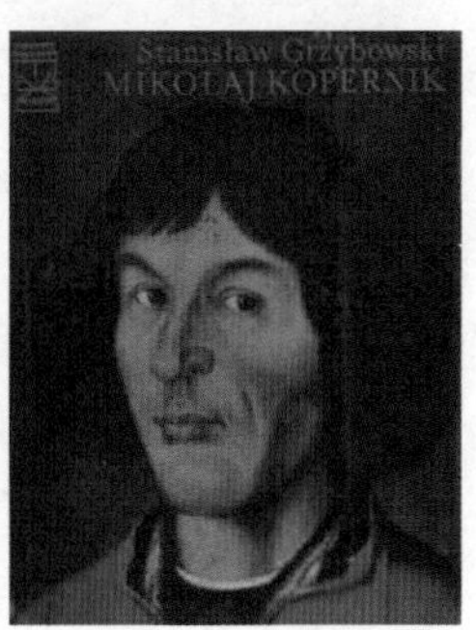

伽利略的望远镜看见了木星和围绕它公转的四颗卫星，极大地支持了日心说。

开普勒的行星运动定律改变了人们对太阳系的认知。

牛顿不仅仅制作了第一架反射式天文望远镜，还根据万有引力定律，第一个提出了宇宙模型。同样是英国的天文学家的赫歇耳，则被称为“恒星天文学之父”，他制作了许多的天文望远镜，几乎是每天晚上都要和他的妹妹一起观测天体。他发现了天王星，观测制定了最早的星云、星团星表。

哈勃为人类开拓了银河系，被称为“星系天文学之父”。伟大的爱因斯坦则让我们明白了，什么才是高深莫测、广阔无边的宇宙。

二、天文手工坊：自己制作星空天体头带

材料和工具：黑色卡片纸、各色画笔、剪刀、双面胶带、订书器、尽可能多的天体图片。

步骤：

1. 按照你的头围用剪刀将黑色卡片纸剪成长方形，写上名字。

2. 在上面用白色画笔涂出星空的感觉。

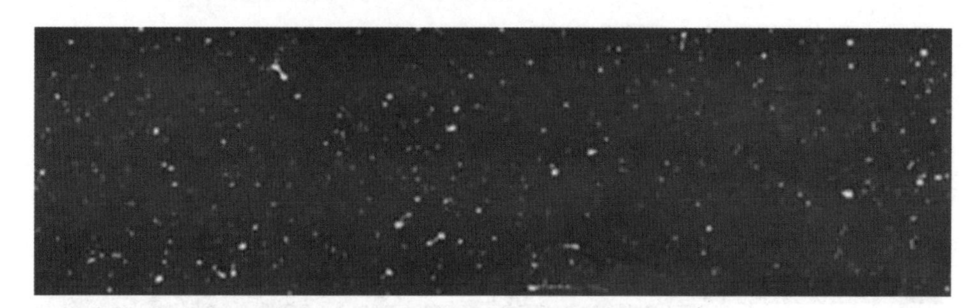

3. 准备一些你喜欢的天体照片。

4. 把天体画到卡片纸上，或者剪下一些模型纸片贴上去。

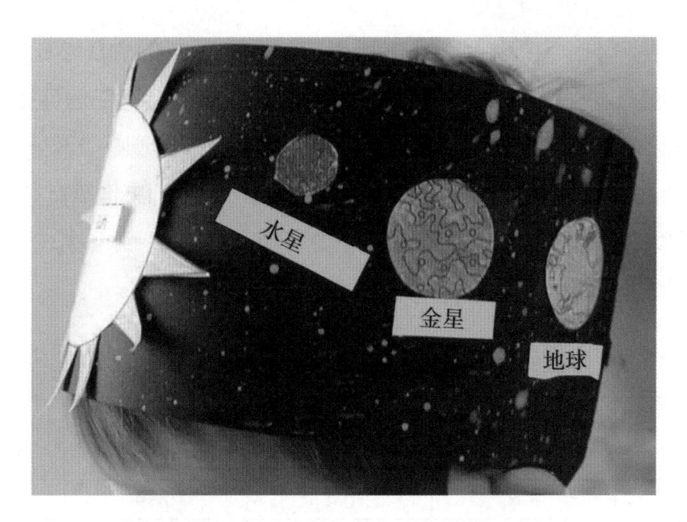

5. 环绕一圈，用订书钉订牢。请叫我宇宙小王子。记得写上自己的名字哦！

三、词汇和概念

天文学史　　天文学家

四、天文小贴士：大行星排位与提丢斯－波得定则

提丢斯-波得定则（Titius-Bode law），简称“波得定则”，是关于太阳系中行星轨道的一个简单的几何学规则。它是1766年由德国的一位中学教师提丢斯发现的，后来被柏林天文台的台长波得归纳成了一个经验公式。从离太阳由近到远的顺序，对应于第 n 颗行星（对水星而言，n 不是取为1，而是 $-\infty$），其同太阳的距离为 a（以天文单位表示）：$a=0.4+0.3^{n-2}$。

1772年，波得在他的著作《星空研究指南》中总结并发表了由提丢斯提出的关于太阳系行星距离的定则：取0、3、6、12、24、48这样一组数，每个数字加上4再除以10，就是各个行星到太阳距离的近似值。在那时已为人所知的四大行星用定则来计算会得到惊人正确的结果：

水星到太阳的距离为（0+4）/10=0.4天文单位；

金星到太阳的距离为（3+4）/10=0.7天文单位；

地球到太阳的距离为（6+4）/10=1.0天文单位；

火星到太阳的距离为（12+4）/10=1.6天文单位。

照此下去，下一个行星到太阳的距离应该是:(24+4)/10=2.8，可是当时在那个位置上没有发现任何天体，波德不相信在此位置上会有空白存在，而提丢斯也认为也许是一颗未被发现的火星卫星，但不管怎样，定则在 2.8 处出现了中断。

当时的认知中最远的两颗行星是木星和土星，用定则来推算其结果是:

木星到太阳的距离为(48+4)/10=5.2 天文单位;

土星到太阳的距离为(96+4)/10=10 天文单位。

由提丢斯-波得定则推算的天体到太阳的距离

天体	n	理论值 / 天文单位	实测值 / 天文单位	差距 / 天文单位
水星	$-\infty$	0.4	0.39	0.01
金星	2	0.7	0.72	0.02
地球	3	1	1	0
火星	4	1.6	1.52	0.08
小行星带	5	2.8	2.9	0.1
木星	6	5.2	5.203	0.003
土星	7	10	9.54	0.46
天王星	8	19.6	19.18	0.42
海王星	9	38.8	30.06	8.74
冥王星	10(?)	77.2	39.44	37.76

推算结果到底怎样呢？由上表来看，在 2.8 处应有一颗大行星存在，只是大家没有用正确的方法寻找到罢了。波得也因此向其他的天文学家们呼吁，希望大家一起来寻找这颗“丢失”的行星。好几年过去了，什么也没发现。一直到 1781 年，英国天文学赫歇耳宣布，他在无意中发现了太阳系的第七大行星——天王星。使人惊讶的是，天王星与太阳的平均距离是 19.18 天文单位，用定则推算:

$$(192+4)/10=19.6$$

符合得真是好极了！就这样，所有人都对定则完全相信了，大家的积极性再次被调动起来。大家一致认为，在 2.8 处的确还存在一颗大行星，正在等待着大家的发现。很快，十多年时间过去了，大行星还是没有露面。直到 1801 年，从位于意大利西西里岛的一处偏僻的天文台传出消息，此台台长在进行常规观测时，发现了一颗新天体，经过计算，它与太阳的距离是 2.77 天文单位，与 2.8 极为接近。它被命名为谷神星。可是它的个子太小了，直径只有 1020 千米。陆续地，

在火星和木星轨道之间又发现了其他的行星，但个头也都不大。后来人们知道，这里就是所谓的小行星带。

为什么大行星变成了 150 多万颗小行星了呢？人们也是众说纷纭，其中一种说法是：可能是因某种未知的原因，原本存在的大行星爆炸了。现在我们知道，根据太阳系大行星形成的“星子理论”，在目前火木小行星带上的那些星，由于质量巨大的木星引力的效应，使得它们不能“团聚”成星。1846 年和 1930 年，海王星和冥王星也相继被发现，但这两次发现，对提丢斯-波得定则来说却是挫折。

提丢斯-波得定则到底有何意义呢？随着时间的流逝，人们已渐渐淡忘了它，但不管怎样，提丢斯-波得定则连同 2.8 天文单位处行星爆炸的理论都成了人们孜孜以求的世纪之谜。

附录 中国主要城市经纬度表

城市	北纬	东经	城市	北纬	东经
北京	39°.9′	116°.4′	柳州	24°.3′	109°.4′
上海	31°.2′	121°.4′	桂林	25°.2′	110°.2′
天津	39°.1′	117°.2′	西安	34°.2′	108°.9′
石家庄	38°.0′	114°.4′	延安	36°.5′	109°.4′
唐山	39°.6′	118°.1′	银川	38°.4′	106°.2′
邯郸	36°.6′	114°.4′	石嘴山	39°.0′	106°.3′
保定	38°.8′	115°.4′	兰州	36°.0′	103°.7′
太原	37°.8′	112°.5′	玉门	39°.8′	97°.5′
大同	40°.1′	113°.2′	西宁	36°.6′	101°.8′
呼和浩特	40°.8′	111°.7′	格尔木	36°.4′	94°.9′
包头	40°.6′	109°.8′	青岛	36°.0′	120°.3′
沈阳	41°.8′	123°.4′	烟台	37°.5′	121°.4′
大连	38°.9′	121°.6′	南京	32°.0′	118°.7′
鞍山	41°.1′	123°.0′	无锡	31°.5′	120°.3′
抚顺	41°.8′	123°.9′	苏州	31°.3′	120°.6′
本溪	41°.3′	123°.7′	徐州	34°.2′	117°.1′
锦州	41°.1′	121°.1′	合肥	31°.8′	117°.6′
长春	43°.9′	125°.3′	蚌埠	32°.9′	117°.3′
吉林	43°.8′	126°.5′	芜湖	31°.3′	118°.6′
哈尔滨	45°.7′	126°.6′	杭州	30°.2′	120°.1′
齐齐哈尔	47°.3′	123°.9′	宁波	29°.8′	121°.5′
牡丹江	44°.5′	129°.6′	舟山	30°.0′	122°.2′
鸡西	45°.3′	130°.9′	南昌	28°.6′	115°.9′
济南	36°.6′	117°.0′	九江	29°.7′	115°.9′
湘潭	27°.8′	112°.9′	福州	26°.6′	119°.3′
广州	23°.1′	113°.2′	厦门	24°.4′	118°.1′
汕头	23°.3′	116°.6′	台北	25°.0′	121°.5′
海口	20°.0′	110°.3′	高雄	22°.0′	102°.3′
三沙	16°.8′	112°.3′	郑州	34°.7′	113°.6′
南宁	22°.8′	108°.3′	洛阳	34°.6′	112°.4′

续表

城市	北纬	东经	城市	北纬	东经
开封	34°.7′	114°.3′	成都	30°.6′	104°.1′
武汉	30°.5′	114°.2′	重庆	29°.5′	106°.5′
宜昌	30°.6′	111°.2′	自贡	29°.3′	104°.7′
长沙	28°.2′	112°.9′	贵阳	26°.6′	106°.7′
衡阳	26°.8′	112°.6′	遵义	27°.7′	106°.9′
乌鲁木齐	43°.8′	87°.6′	昆明	25°.0′	102°.7′
伊宁	43°.9′	81°.3′	个旧	23°.3′	103°.1′
喀什	39°.4′	75°.9′	拉萨	29°.6′	91°.1′
克拉玛依	45°.6′	84°.8′	日喀则	29°.2′	88°.8′
哈密	42°.8′	93°.4′	昌都	31°.13′	97°.18′

参考文献

[1] 弗拉马里翁 . 大众天文学（上、下）[M]. 李珩，译 . 桂林：广西师范大学出版社，2003.

[2] 霍斯金 . 剑桥插图天文学史 [M]. 江晓原，等译 . 济南：山东画报出版社，2003.

[3] 中国大百科全书编辑委员会〈天文学〉编辑委员会 . 中国大百科全书（天文学）[M]. 北京：中国大百科全书出版社，1980.

[4] 施耐德 . 国家地理终极观星指南 [M]. 齐锐，译 . 北京：北京联合出版公司，2017.

[5] 英国 DK 公司 . DK 星座百科：初学者观星指南 [M]. 秦麦，译 . 北京：北京联合出版公司，2018.

[6] 金 . 裸眼观星：零障碍天文观测指南 [M]. 秦麦，译 . 北京：北京联合出版公司，2018.

[7] 尼科尔斯 . 给孩子的天文学实验室 [M]. 河马星球，译 . 上海：华东师范大学出版社，2018.

[8] 瓦格纳 . 孩子应该知道的天文基础 [M]. 艾可，译 . 北京：新星出版社，2016.

[9] 二间濑敏史 . 宇宙用语图鉴 [M]. 王宇佳，译 . 海口：南海出版公司，2021.

[10] 科尼利厄斯 . 星空世界的语言 [M]. 颜可维，译 . 北京：中国青年出版社，2002.

[11] 陈久金 . 泄露天机：中西星空对话 [M]. 北京：群言出版社，2005.

[12] 朗盖尔 . 宇宙的世纪 [M]. 王文浩，译 . 长沙：湖南科学技术出版社，2010.

[13] 姚建明 . 天文知识基础 [M]. 2 版 . 北京：清华大学出版社，2013.

[14] 姚建明 . 科学技术概论 [M]. 2 版 . 北京：中国邮电大学出版社，2015.

[15] 姚建明 . 地球灾难故事 [M]. 北京：清华大学出版社，2014.

[16] 姚建明 . 地球演变故事 [M]. 北京：清华大学出版社，2016.

[17] 姚建明 . 天与人的对话 [M]. 北京：清华大学出版社，2019.

[18] 姚建明 . 星座和《易经》[M]. 北京：清华大学出版社，2019.

[19] 姚建明 . 天神和人 [M]. 北京：清华大学出版社，2019.

[20] 姚建明 . 星星和我 [M]. 北京：清华大学出版社，2019.

[21] 姚建明 . 流星雨和许愿 [M]. 北京：清华大学出版社，2019.

[22] 姚建明 . 黑洞和幸运星 [M]. 北京：清华大学出版社，2019.

[23] 姚建明 . 天文知识基础 [M]. 北京：清华大学出版社，2008.

[24] 姚建明 . 天文知识基础 [M]. 3 版 . 北京：清华大学出版社，2020.

[25] 纽康 . 通俗天文学——和宇宙的一场对话 [M]. 金克木，译 . 北京：当代世界出版社，2006.

[26] 野本阳代，威廉姆斯 . 透过哈勃看宇宙：无尽星空 [M]. 刘剑，译 . 北京：电子工业出版社，2007.

[27] 伏古勒尔 . 天文学简史 [M]. 李珩，译 . 北京：中国人民大学出版社，2010.

[28] http://sina.com.cn. 新闻晨报，2004. 4. 22.